ABITUR-WISSEN BIOLOGIE

Henning Kunze

Evolution

W0289955

STARK

ISBN 978-3-89449-428-5

www.stark-verlag.de
1. Auflage 1999

Inhalt

Fortsetzung siehe nächste Seite

Autor: Dr. Henning Kunze

Vorwort

Liebe Schülerin, lieber Schüler,

Evolution ist ein faszinierendes, aber auch verwirrendes Thema der Biologie. Faszinierend, weil jeder Organismus und jeder Lebensprozess evolutiv entstanden ist und die Evolutionsbiologie daher die Verständnisgrundlage für *alle* biologischen Phänomene bildet. Aus demselben Grunde aber auch verwirrend, da die Fülle der Beispiele und Erklärungsansätze kaum zu überschauen ist. Dieser Band der Reihe Abitur-Wissen versucht, beide Gesichtspunkte zu berücksichtigen.

Die Auswahl interessanter Evolutionsprozesse sowie die Berücksichtigung neuester Forschungsergebnisse der Paläontologie, Verwandtschaftsforschung und der kausalen Evolutionsforschung fordern zu einer Entdeckungsreise in die Evolution auf. Eine **umfangreiche Bebilderung** verbessert die Anschaulichkeit, wobei der Informationsgehalt der Abbildungen zu vertieftem Studium anregt. Das Verständnis wird zudem erleichtert durch **übersichtliche Schemata**, die die oft komplexen Zusammenhänge auf einen Blick erfassen lassen.

Abweichend von vielen Lehrbüchern ist darüber hinaus die Kapitelfolge so angelegt, dass sich ein „roter Faden“ durch das ganze Buch zieht, der sich an drei Grundfragen orientiert:

- Wie lässt sich die **Verwandtschaft der Organismen** und damit die Tatsache der Evolution belegen? (Kapitel 1 und 2)
- Wie lässt sich der **Verlauf der Stammesgeschichte** in wichtigen Etappen rekonstruieren? (Kapitel 3)
- Welche **Ursachen bzw. Mechanismen** liegen **der Evolution** der Organismen zugrunde? (Kapitel 4 und 5)

Die **Evolution des Menschen** wurde in ein eigenes Kapitel an das Ende des Bandes gestellt.

Ich wünsche Ihnen eine das Interesse weckende und das Verständnis fördernde Lektüre!

H. Kunze

Dr. Henning Kunze

Die Arten im Wandel

Charles Darwin, dargestellt von dem Nürnberger Maler M. M. Prechtl zum Darwin-Gedenkjahr 1982.

„Jede Gattung ist natürlich, im Uranfang unmittelbar so geschaffen: deshalb kann sie auch nicht mutwillig oder nach irgendeiner Theorie schamlos zerrissen oder vermischt werden.“

Carl von Linné,
Systema naturae, 1735

„Ich bin vollkommen überzeugt, dass die Arten nicht unveränderlich sind ... [und] dass die natürliche Zuchtwahl das wichtigste, wenn auch nicht das ausschließliche Mittel zur Abänderung der Lebensformen gewesen ist.“

Charles Darwin,
Origin of Species, 1859

1 Der Evolutionsgedanke – Ein historischer Überblick

1.1 Artkonstanz

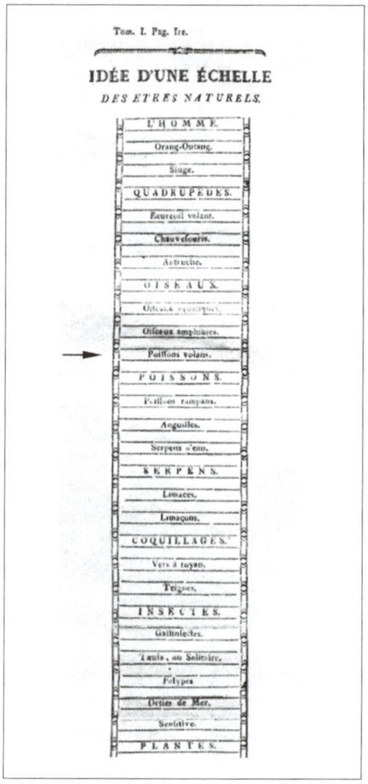

Abb. 1: Stufenleiter der Natur, 1779 von dem Schweizer Naturforscher Chr. Bonnet dargestellt. Der Pfeil deutet auf die fliegenden Fische, die zwischen die Fische und die Wasservögel gestellt wurden.

Bereits in der Antike stellte man sich vor, dass die Naturgegenstände in einer **Stufenleiter**, angefangen bei den Steinen bis hinauf zum Menschen, angeordnet seien („scala naturae“). Diese Vorstellung geht zwar von unterschiedlichen Stufen der Vollkommenheit der Organismen aus, zugleich betrachtet sie aber die Arten als konstante, unveränderliche Formen, die sich jeweils auf einer Stufe befinden. Um die lineare Stufenleiterordnung zu begründen, wurden zudem „Zwischenglieder“ zwischen den weiter voneinander entfernt stehenden Gruppen angenommen. So wurden beispielsweise fliegende Fische als Zwischenglieder zwischen Fischen und Vögeln angesehen.

Auch Carl von Linné (1707–1778), auf den unser heutiges System der Organismen zurückgeht, war ein Anhänger der Theorie der Konstanz der Arten. Allerdings erkannte Linné bereits, dass neue Arten durch Bastardierung innerhalb einer Gattung entstehen können, dass also kleinere Veränderungen möglich sind. Die starke Erweiterung der systematischen Kenntnisse sowie auch die verstärkte Einbeziehung von Fossilien führte um 1800 herum zu einer Neuorientierung des Erklärungsansatzes. Ein bedeutender Versuch in dieser Richtung war die **Katastrophentheorie** von Georges Cuvier (1769–1832), der durch seine Untersuchungen von fossilen Tieren zum Begründer der **Paläontologie** wurde. Er erklärte den Formenwandel in den geologischen Schichten mit jeweils geografisch begrenzten Überschwemmungskatastrophen, auf die die Einwanderung neuer Tierformen aus anderen Gebieten folgte. Damit konnte er das

Bastardierung ist die Kreuzung zwischen zwei verschiedenen Rassen oder Arten.

Die **Katastrophentheorie** besagt, dass im Lauf der Erdgeschichte wiederholt große Naturkatastrophen aufgetreten sind, durch die Organismengruppen ausgestorben sind.

Paläontologie ist die Wissenschaft, die anhand von Fossilien die Biologie ausgestorbener Organismen erforscht.

Aussterben von Arten wie auch das nachfolgende Auftreten anderer Formen plausibel machen, ohne auf die Annahme einer Artkonstanz zu verzichten.

1.2 Die Entwicklung der Arten

Berühmt geworden ist der Zoologe Jean-Baptiste de Lamarck (1744–1829), der in seinem Werk *Philosophie zoologique* (1809) erstmals eine zeitliche Interpretation des Stufenleitersystems veröffentlichte. Darin wird die Entstehung neuer Arten durch Veränderungen im Laufe der Generationenfolge angenommen: „Die Natur hat alle Tierarten nacheinander hervorgebracht. Sie hat mit den unvollkommensten oder einfachsten begonnen und mit den vollkommensten aufgehört. Sie hat ihre Organisation stufenweise verwickelt. Indem sich diese Tiere allgemein auf alle bewohnbaren Orte der Erde ausbreiteten, hat jede Art derselben durch den Einfluss der Verhältnisse, in denen sie sich befand, ihre Gewohnheiten und die Abänderungen in ihren Teilen erhalten, die wir bei ihr beobachten."[1] Lamarck hat zusätzlich zur Annahme des Artenwandels auch einen Erklärungsansatz geliefert, der unter dem Namen **„Lamarckismus"** bekannt ist.

Der **Lamarckismus** erklärt Veränderungen von Organen durch ihren Gebrauch oder Nichtgebrauch je nach den Bedürfnissen des Tiers.

Zum Beispiel erklärt Lamarck die Evolution langer Beine bei Watvögeln damit, dass sie einerseits in tieferes Wasser gehen müssen, um Nahrung zu finden, andererseits dabei in den Schlamm einsinken bzw. nass werden können. Das kontinuierliche Bedürfnis der Vögel, die Beine zu strecken, führte dazu, dass sie nach vielen Generationen schließlich auf ihren immer länger werdenden Beinen wie auf Stelzen gehen (Abb. 2).

Abb. 2: Karikatur des Lamarckismus am Beispiel der Beinentwicklung bei Watvögeln.

1 Leicht verändert aus: J. B. de Lamarck, *Zoologische Philosophie*

August Weismann (1834–1914): Er entdeckte die kontinuierliche Weitergabe der Gene von Generation zu Generation in den Keimzellen. Diese Zellfolge bezeichnet man als Keimbahn.

Modifikationen sind umweltbedingte, nicht erbliche Merkmale von Organismen. → siehe S. 79.

Lamarck nahm also an, dass die erworbenen Eigenschaften weitervererbt würden. Dass diese Annahme nicht zutrifft, konnte allerdings erst sehr viel später durch neue Erkenntnisse in der Genetik (Mendel'sche Erbregeln, Keimbahntheorie von A. Weismann) gezeigt werden. Wir bezeichnen heute solche individuell erworbenen Eigenschaften als **Modifikationen**, sie wirken nicht zurück auf das Genom und werden nicht weitervererbt.
Wenn auch die Vorstellungen des Lamarckismus nicht haltbar sind, war er ein historisch wichtiger Schritt von der Anschauung einer starren Stufenleiter der Organismen hin zum Artenwandel und zur Evolutionsidee.

1.3 Die Selektionstheorie von Darwin

Genau 50 Jahre nach Lamarcks *Philosophie zoologique* konnte Charles Darwin (1809–1882) mit seinem Buch *The Origin of Species by means of Natural Selection* (1859) die Grundlage unserer heutigen Evolutionstheorie legen. Schon während seiner fünfjährigen Forschungsreise mit dem Vermessungsschiff „Beagle“ (1831–1836) kamen ihm Zweifel an der Konstanz der Arten.

Abb. 3: Charles Darwin (1809–1882) im Alter von 31 Jahren.

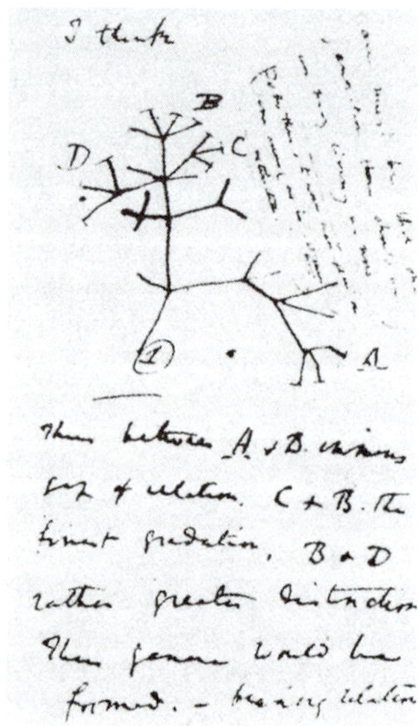

Abb. 4: Erster Entwurf eines Stammbaums, der auf abgestuften Unterschieden von Organismen beruht. Aus Darwins Notizbuch von 1837/38.

Evolution ist die allmähliche Entstehung von neuen Eigenschaften und Lebensformen im Laufe der Stammesgeschichte. → vgl. S. 44 ff.

Einen wesentlichen Anstoß zur Entwicklung des Evolutionsgedankens gab ihm die Tierwelt der Galapagosinseln. Die dort vorkommenden Vogelarten und Echsen zeigen einerseits Ähnlichkeit mit ihren Verwandten auf dem südamerikanischen Festland, haben sich andererseits aber in einer eigenständigen Entwicklung deutlich von ihnen in Gestalt und Verhalten entfernt. Darwin, der zunächst Theologie studiert hatte, gewann auf dieser Reise die Überzeugung von der Veränderlichkeit der Arten und der Notwendigkeit einer naturwissenschaftlichen Erklärung ihrer Entstehung.

Thomas R. Malthus (1766–1834): Wirtschaftswissenschaftler

Im Jahr 1798 veröffentlichte Thomas R. Malthus seinen *Essay on the Principle of Population*, in dem er darauf hinwies, dass viel mehr Menschen geboren würden, als durch die Landwirtschaft ernährt werden könnten. Er hielt daher den Kampf ums Dasein – *struggle for life* – für natürlich und unvermeidbar. Über die Anregung, die er aus der Lektüre von Malthus erhielt, berichtet Darwin: „Am 28. September des Jahres 1838 las ich ‚Malthus über die Bevölkerung', und da ich durchaus bereit war, an den Kampf ums Dasein zu glauben, der sich, wie ich aus langer Beobachtung der Lebensweise von Tieren und Pflanzen wusste, überall vollzieht, kam mir sofort der Gedanke, dass unter diesen Umständen begünstigte Variationen tendenziell erhalten bleiben und benachteiligte vernichtet würden. Das Ergebnis wäre die Bildung einer neuen Spezies. Hier hatte ich nun endlich eine Theorie, nach der ich arbeiten konnte."

Zusammengefasst basiert Darwins Theorie auf folgenden Grundgedanken:

- **Überproduktion:** Organismen erzeugen mehr Nachkommen, als in der Umwelt mit ihren begrenzten Ressourcen und mit der Konkurrenz anderer Organismen überleben können.
- **Variabilität:** Die Nachkommen bzw. Individuen einer Art sind nicht völlig identisch, sondern weisen Unterschiede auf.
- **Selektion:** Da nicht alle im Kampf ums Dasein überleben, bleiben die Individuen mit der größten Überlebenschance erhalten und können sich weiter vermehren.
- **Vererbung:** Die zum Überleben führenden positiven Eigenschaften werden weitervererbt, die unterlegenen ausselektiert.

Selektion bedeutet die natürliche Auslese von Individuen durch die Umwelt. → Selektionstheorie siehe S. 87 ff.

In seinem Erklärungsansatz übertrug Darwin das Vorgehen des menschlichen Züchters, der aus den Nachkommen von Getreidepflanzen oder Nutztieren die ihm geeignet erscheinenden auswählt und sie weiter vermehrt, auf die Natur. Darwin wurde selber Taubenzüchter und untersuchte genau die Wege, auf denen die einzelnen Zuchtformen entstanden waren und welche anatomischen Merkmale sich dabei verändert hatten. Alle Zuchtformen der Haustaube stammen von der europäischen Wildtaube ab (Abb. 5). Da die Zuchttauben sich in manchen Merkmalen stärker voneinander unterscheiden als viele Arten von Wildvögeln, war Darwin überzeugt, dass auch in der Natur die Selektion zur Bildung von unterschiedlichen Arten führen kann.

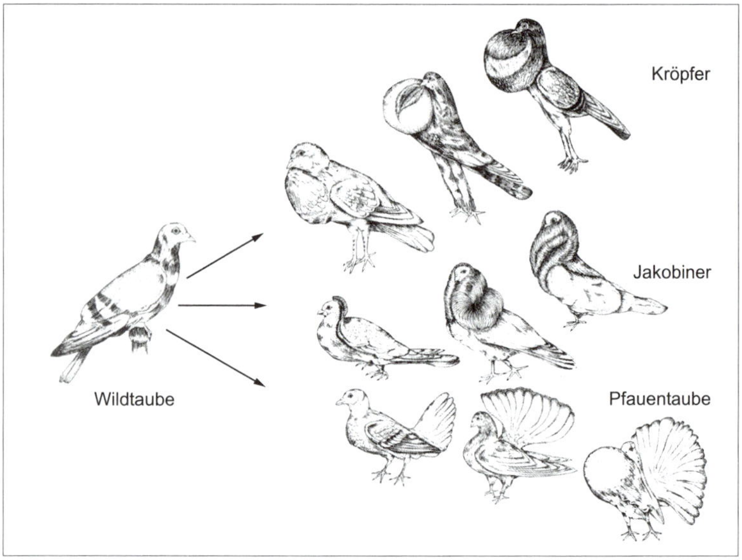

Abb. 5: Durch Züchtung erzielte Variationen bei Haustaubenrassen.

Obwohl diese natürliche Erklärung im Gegensatz stand zu der damals noch vorherrschenden traditionellen christlichen Auffassung einer göttlichen Schöpfung, wurde Darwins Theorie von vielen zeitgenössischen Biologen begeistert aufgegriffen und ausgebaut. In den anderthalb Jahrhunderten nach Darwins Veröffentlichung haben die Erkenntnisse in den verschiedensten Disziplinen der Biologie seine Deutung gestützt und vertieft. Die Darwin'sche **Selektionstheorie** ist damit die Grundlage unserer Erklärung der Evolution der Organismen.
Durch die Weiterentwicklung der Biologie, insbesondere der Genetik und der Ökologie, wurde der **Darwinismus** zu einer umfassenden Theorie ausgebaut, die alle Bereiche der Biologie einbezieht und daher als **Synthetische Theorie** bezeichnet wird.

Als **Darwinismus** wird Darwins Erklärung der Evolution bezeichnet, die als wesentlichen Faktor die Selektion von Individuen aus zufällig entstandenen Varianten annimmt.

Die **Synthetische Theorie** der Evolution vertieft den Erklärungsansatz von Darwin mithilfe neuerer Ergebnisse aus Genetik, Ökologie und Verwandtschaftsforschung.

2 Das System der Organismen

2.1 Die organismische Vielfalt – Die Art als Grundeinheit

Was ist eine Art?

→ Artdefinitionen siehe S. 9

Innerhalb der Vielfalt von Pflanzen, Tieren, Pilzen finden sich immer wieder einander gleichende Individuen, die dann zu einer **Art (Spezies)** gezählt werden. Um die Vielfalt überhaupt erst einmal erfassen zu können, ist eine Abgrenzung, Charakterisierung und Benennung der Arten nötig. Es hat in der Geschichte der Biologie Jahrhunderte gedauert, bis sich die heute verwendete Form der Bezeichnung für eine Art herauskristallisierte. Die hier wiedergegebene Bezeichnung einer Enzianart stammt von dem Botaniker Kaspar Bauhin aus dem Jahre 1623. Die Bezeichnung enthält eine ganze Reihe von Eigenschaften, an denen man Individuen dieser Art eindeutig erkennen kann. Andererseits ist diese Benennung außerordentlich umständlich. Erst Mitte des 18. Jahrhunderts entwickelte der schwedische Botaniker Carl von Linné die heute allgemein gültige Form der Benennung von Organismen mit jeweils einem Doppelnamen. Bei diesem Doppelnamen steht der erste für die Gattung, zu der der Organismus gehört, der zweite Name bezeichnet die Art. Der oben beschriebene Enzian heißt seitdem *Gentiana ciliata L.*, auf Deutsch: Gefranster Enzian. Das „L." hinter der Artbezeichnung verweist auf den Autor, der diesen Namen gegeben hat. In diesem Fall war es Linné. Diese sogenannte **binäre Nomenklatur** hat sich weltweit und für alle Organismenarten durchgesetzt und ermöglicht es, jede Art eindeutig zu benennen. Erst damit ist die Grundlage gegeben für das Erfassen der Artenvielfalt und eine weitere wissenschaftliche Bearbeitung.

Abb. 6: *„Gentiana angustifolia autumnalis minor floribus ad latera pilosis"* (schmalblättriger herbstlicher Enzian mit ziemlich kleinen, seitlich behaarten Blüten).

→ Gattung siehe S. 9

Arten werden gemäß der **binären Nomenklatur** benannt. Bei diesem doppelten Namen steht der erste für die Gattung, zu der der Organismus gehört, der zweite Name bezeichnet die Art.

Wie werden Arten voneinander abgegrenzt?

Die Frage scheint leicht zu beantworten zu sein, wenn man an uns geläufige Arten denkt – Amsel, Reh, Tulpe beispielsweise. Unterschiedliches Aussehen ist aber kein genügendes Kriterium für die Artabgrenzung. Verschiedene Arten müssen auch nicht unbedingt verschieden aussehen. Abbildung 7 zeigt eine Reihe von Vögeln, die sich aufgrund ihres Erscheinungsbildes leicht unterscheiden lassen und als verschiedene Arten bezeichnet werden: Kohlmeise, Blaumeise, Sumpfmeise. Daneben sind aber auch die sich sehr ähnlich sehenden Laubsänger Fitis und Zilpzalp als zwei verschiedene Arten benannt; sie unterscheiden sich nur in ihrem Gesang.

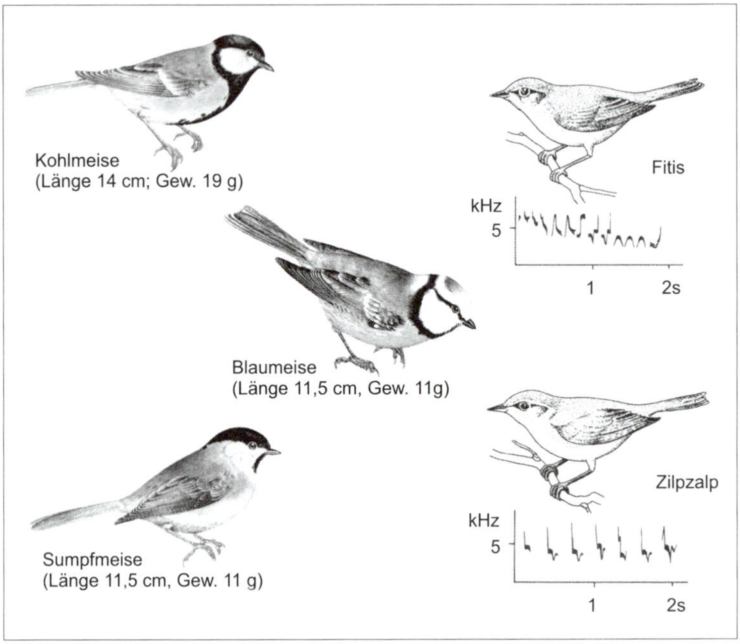

Abb. 7: Verschiedene Vogelarten und ihre Unterscheidungsmerkmale.

Systematik: Wissenschaft von der Vielfalt der Organismen und ihrer Gliederung. Sie versucht, die durch Verwandtschaftsbeziehungen gegebene Naturordnung in einem **natürlichen System** darzustellen.

Eine Grenzziehung aufgrund äußerer Merkmale ist sehr unsicher und kann zu willkürlichen Einteilungen führen. Der Bereich der biologischen Wissenschaft, der sich mit diesen Fragen befasst, ist die **Systematik**. Ihr Ziel ist es, die natürliche, in den Lebewesen selbst liegende Ordnung aufzufinden und darzustellen. Dieser Ordnung liegt aber nicht primär eine abgestufte Ähnlichkeit zugrunde, sondern die **Verwandtschaft** der Organismen untereinander. Größere Ähnlichkeit *kann* eine Folge naher Verwandtschaft sein, sie kann daher auf diese natürliche Beziehung hinweisen, ist aber kein absolut sicheres Kriterium.
Am nächsten miteinander verwandt sind Organismen, die sich miteinander fortpflanzen können. Ein Löwe paart sich mit einer Löwin, die Nachkommen sind wieder Löwen. Das Gleiche gilt für Tiger. Wenn man beide miteinander kreuzt, sind die Nachkommen gestreifte Löwen, Liger, wie man sie genannt hat. Aber das geht nur im Zoo unter

Beeinflussung durch den Menschen. In freier Natur ist noch nie eine Kreuzung beider Arten beobachtet worden. Die klarste, von der Natur vorgegebene Abgrenzung der Arten voneinander ist daher mit folgender Definition gegeben:

Biologische Artdefinition: Alle Individuen, die sich unter natürlichen Bedingungen frei miteinander paaren und fruchtbare Nachkommen erzeugen können, gehören zu einer Art **(Biospezies)**.

Arten sind demnach durch **Fortpflanzungsbarrieren** voneinander getrennte, natürliche Einheiten. Bei den Laubsängern in Abbildung 7 kann beispielsweise der unterschiedliche Gesang, durch den sich die Partner identifizieren, eine solche Fortpflanzungsbarriere darstellen. Diese Unterschiede sind genetisch verankert, sie werden vererbt.

Neben der biologischen Artdefinition ist aber die Kennzeichnung und Unterscheidung von Arten mithilfe von Merkmalen weiterhin unverzichtbar: viele Arten werden anhand von Sammlungen und Herbarien beschrieben, und bei ausgestorbenen Organismen lässt sich eine Kreuzung ohnehin nicht beobachten. Diese Definition einer Art bezeichnet man als **morphologische Artdefinition**.

Ein **Herbarium** ist eine Sammlung getrockneter und gepresster Pflanzen für wissenschaftliche Zwecke.

Die **morphologische Artdefinition** bestimmt Arten **(Morphospezies)** aufgrund übereinstimmender Merkmale, wobei neben morphologischen und anatomischen Merkmalen auch physiologische und Verhaltensmerkmale berücksichtigt werden.

2.2 Die Gliederung in größere Verwandtschaftsgruppen

Gefieder, Schnabelform und Körpergestalt der Meisen zeigen deutlich, dass sie nahe miteinander verwandt sind. Solche Artengruppen bezeichnet man als **Gattungen**, bei denen es allerdings keine so eindeutigen Grenzziehungen gibt wie bei der Artabgrenzung. Die Zugehörigkeit zu einer Gattung kann man am ersten Namen der binären Nomenklatur erkennen. Alle Meisenarten haben daher wissenschaftlich den gemeinsamen Gattungsnamen „*Parus*“. Aber auch über der Stufe von Gattungen findet man verwandtschaftliche Gruppierungen: etwa Vögel, Säuger, Insekten, Krebse, wobei Vögel und Säuger wiederum zu einer Großgruppe, den Wirbeltieren, zählen, während Insekten und Krebse wirbellose Gliederfüßer sind. So ergibt sich ein hierarchisches System von immer größeren Verwandtschaftsgruppen (vgl. Tab. 1).

Gattung: Systematische Kategorie zwischen Art und Familie, fasst mehrere nahe verwandte Arten zusammen. Der erste Name der zweiteiligen Artbezeichnung ist der Gattungsname.

Systematischer Rang	Pflanze	Tier	Mensch
Reich	*Plantae* – Pflanzen	*Animalia* – Tiere	*Animalia* – Tiere
Stamm/Abteilung	*Spermatophyta* – Samenpflanzen	*Chordata* – Wirbeltiere	*Chordata* – Wirbeltiere
Unterabteilung	*Angiospermae* – Bedecktsamer		
Klasse	*Monocotyledonae* – Einkeimblättrige	*Aves* – Vögel	*Mammalia* – Säugetiere
Ordnung	*Liliales* – Lilienartige	*Passeriformes* – Sperlingsvögel	*Primates* – Herrentiere
Unterordnung		*Oscines* – Singvögel	
Familie	*Liliaceae* – Liliengewächse	*Paridae* – Meisen	*Hominidae* – Menschenartige
Gattung	*Tulipa* – Tulpen	*Parus*	*Homo*
Art	*Tulipa gesneriana* – Gartentulpe	*Parus major* – Kohlmeise	*Homo sapiens* – Mensch

Tab. 1: Beispiele systematischer Einordnung.

Die obersten Gruppen in dieser Hierarchie bezeichnet man als „Reiche“. Gegenwärtig werden gewöhnlich fünf Organismenreiche unterschieden (Abb. 8). Allerdings bilden die beiden Reiche „Monera“ und „Protista“ keine natürlichen systematischen Einheiten, da sie sich nicht jeweils auf eine nur ihnen gemeinsame Stammform gründen, also keine echten Verwandtschaftsgruppen sind. Ein System, das die natürlichen Verwandtschaftsverhältnisse widerspiegeln soll, muss sich auf Abstammungsgemeinschaften beziehen. Solche Abstammungsgemeinschaften bezeichnet man als **monophyletisch**.

Als **monophyletisch** wird eine Gruppe von Arten bezeichnet, die von einem gemeinsamen Vorfahren abstammen.

Die Protista, also im Wesentlichen alle eukaryotischen Einzeller, enthalten sowohl pflanzliche Organismen mit Chlorophyll (z. B. Grünalgen) als auch heterotrophe Formen (z. B. Wimpertierchen). Das Reich „Protista“ ist daher eine unnatürliche Sammelgruppe nicht verwandter Gruppen. Abbildung 9 gibt die realen Verhältnisse wahrscheinlich etwas besser wieder.

Eukaryoten sind Organismen, deren Zellen einen mit einer Doppelmembran ausgestatteten Zellkern, Mitochondrien und evtl. Chloroplasten enthalten.

Heterotrophe Organismen ernähren sich durch den Verzehr von anderen Organismen oder deren Abfallprodukten.

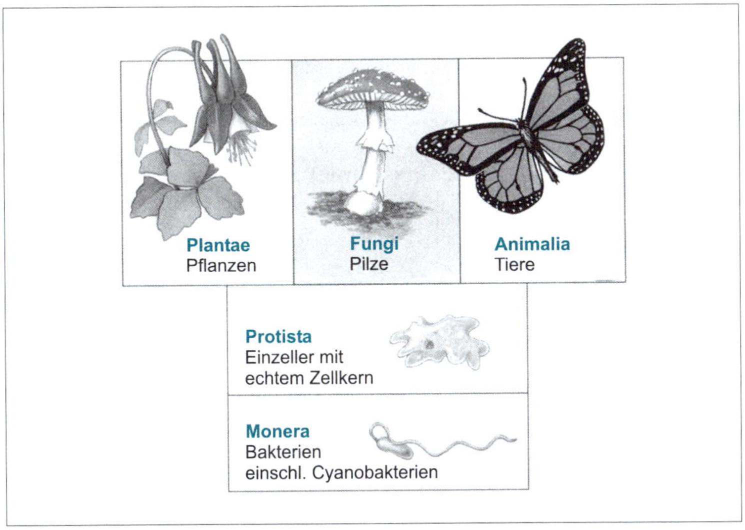

Abb. 8: Die Gliederung der Organismen in fünf Reiche.

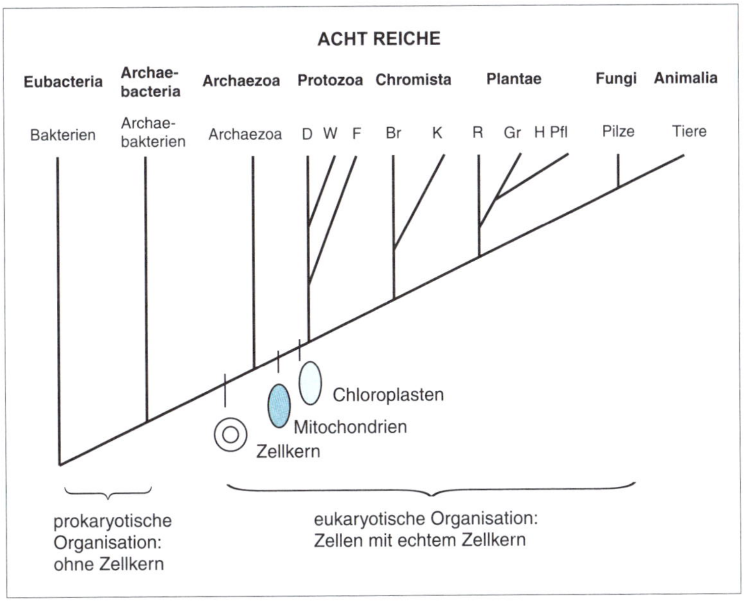

Abb. 9: Ein hypothetischer Stammbaum, der die verwandtschaftlichen Zusammenhänge bei den Bakterien und den Protista stärker berücksichtigt und die Organismen in acht jeweils monophyletische Reiche gliedert. Der Übergang zur eukaryotischen Zellorganisation erfolgte durch Bildung des Zellkerns sowie die Aufnahme von Mitochondrien und Chloroplasten durch Endosymbiose. In dieser Darstellung wird angenommen, dass die Chloroplasten in einigen Entwicklungslinien, z. B. bei Pilzen und Tieren, wieder verloren gingen.
Abkürzungen: D Dinoflagellaten, W Wimpertierchen, F Flagellaten, Br Braunalgen, K Kieselalgen, R Rotalgen, Gr Grünalgen, H Pfl Höhere Pflanzen.

Endosymbiose ist ein Vorgang, bei dem ein ursprünglich selbstständiger Organismus in eine Zelle aufgenommen wird. → Endosymbionten-Hypothese siehe S. 49 f.

Zusammenfassung

Stufenleiter der Natur (Scala naturae)
Aus Antike und Mittelalter stammende Anschauung, dass alle Organismen einen festen, unveränderlichen Platz auf einer Stufenleiter einnehmen. Wurde bis ins 18. Jahrhundert vertreten.

↓

Georges Cuvier (1769–1832)
Begründete die Paläontologie; erklärte das Aussterben von Arten durch mehrfache Umweltkatastrophen und anschließende Neubesiedlung. Hielt die Arten für konstant.

↓

J. B. de Lamarck (1744–1832)
Zeitliche Interpretation des Stufenleitermodells: Arten sind veränderlich und vervollkommnen sich im Laufe vieler Generationen durch Erwerb und Vererbung von neuen Eigenschaften → **Evolution**.

↓

Charles Darwin (1809–1882)
Selektionstheorie: neue Arten entstehen durch Auslese aus der in Überzahl produzierten Nachkommenschaft. Individuen unterscheiden sich voneinander und haben dadurch im Kampf ums Dasein unterschiedlichen Fortpflanzungserfolg.

↓

Synthetische Theorie der Evolution
Bestätigt und vertieft Darwins Selektionstheorie durch neue Erkenntnisse in Genetik, Ökologie, Paläontologie und Systematik.

- Die **Art** (Spezies) ist die wichtigste systematische Einheit in der Biologie. Zur Abgrenzung einer Art gibt es verschiedene Möglichkeiten; die wichtigsten sind der **biologische** und der **morphologische Artbegriff**.
- Arten werden seit der Einführung der **binären Nomenklatur** durch Linné stets mit einem Doppelnamen bezeichnet. Der erste Name benennt die Gattung, der zweite die Art.
- Eine Gattung ist die nächsthöhere Kategorie über der Art, in ihr sind mehrere nah verwandte Arten zusammengefasst.
- Die Organismen werden gegenwärtig oft in **fünf Reiche** gegliedert: Bakterien, Einzeller, Pflanzen, Pilze, Tiere. Diese Gliederung entspricht allerdings nicht den natürlichen Verwandtschaftsverhältnissen. Das Acht-Reiche-System berücksichtigt die **monophyletischen Gruppierungen** besser, bleibt aber auch **hypothetisch**.

Spurensuche: Belege für die Evolution

Forscher stellen Abgüsse von versteinerten Dinosaurier-Fußspuren her.
Die Abdrücke sind im kreidezeitlichen Sediment des Peace River Canyons in Kanada erhalten.

„Die Erdrinde ist ein großes Museum; aber ihre naturgeschichtliche Sammlung ist unvollständig und sagt über bedeutende Zeitabschnitte nichts aus.“
Charles Darwin, *Origin of Species*, 1859

1 Fossilien – Zeugen vergangenen Lebens

Fossilien sind Überreste, Abdrücke oder Spuren von Organismen, die in der Vergangenheit existierten, im Gestein, Eis oder Moor.

Fossilien sind konservierte Reste früherer Lebewesen. Die Aktivität der Paläontologen hat in den letzten Jahrhunderten eine Fülle von Fossilien zutage gefördert. Besonders bemerkenswert sind die Skelettfunde der Saurier, die z. T. über 25 m Körperlänge erreichten. Dabei wurden gerade in jüngster Zeit auch Details gefunden, die weitere Schlussfolgerungen zur Biologie der Organismen zulassen. In einem fossilen Fischsaurier (Ichthyosaurier) aus dem unteren Jura beispielsweise fand man Skelettreste von Embryonen. Das ist ein Hinweis darauf, dass diese Reptilgruppe sich vollständig an das Leben im Wasser angepasst hat und auch ihre Eier nicht – wie etwa die Meeresschildkröten – an Land ablegte (Abb. 10).

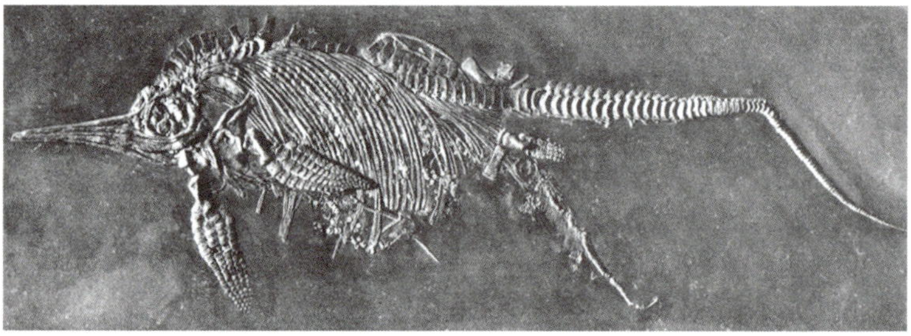

Abb. 10: Fischsaurier aus dem unteren Jura in Württemberg, mit Geburt eines Jungtieres.

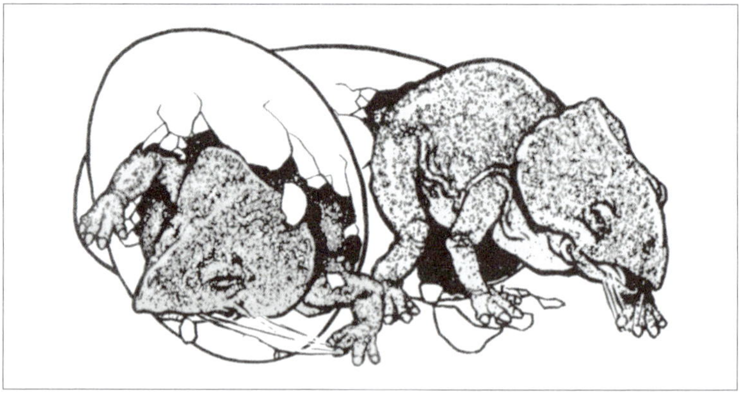

Abb. 11: Ausschlüpfende Protoceratops-Junge. Manche Dinosaurier bauten Nester und betrieben Brutpflege.

An vielen Stellen der Erde hat man fossile Dinosaurier-Eier gefunden, aus denen man die Embryonen freipräparieren konnte (Abb. 11). Sie zeigen nicht nur weitgehende Übereinstimmung mit heutigen Vogelembryonen; manche Funde zeigen auch die ganzen Nester, Nahrungsreste darin und sogar erwachsene Tiere in brütender Haltung. Dies weist auf intensive Brutpflege hin sowie auf die Tatsache, dass die Dinosaurier wahrscheinlich warmblütig waren. So lassen sich sogar Verhaltensweisen ausgestorbener Tiere erschließen.
Besonders aufschlussreich sind auch Fossilien, bei denen noch Weichteile erhalten sind. In der Ölschiefergrube Messel bei Darmstadt wurden Skelette von Urpferdchen *(Eurohippus)* gefunden, von etwa katzengroßen Verwandten unserer heutigen Pferde. Bei diesen 50 Millionen Jahre alten Fossilien ist sogar der Mageninhalt noch erkennbar: Weintraubenkerne und zerbissene Lorbeerblätter. Anders als ihre heutigen grasfressenden Verwandten haben sich demnach frühere Pferde von Laub und Früchten in einem waldreichen Biotop ernährt (Abb. 12).

→ Evolution der Pferde siehe S. 66 f.

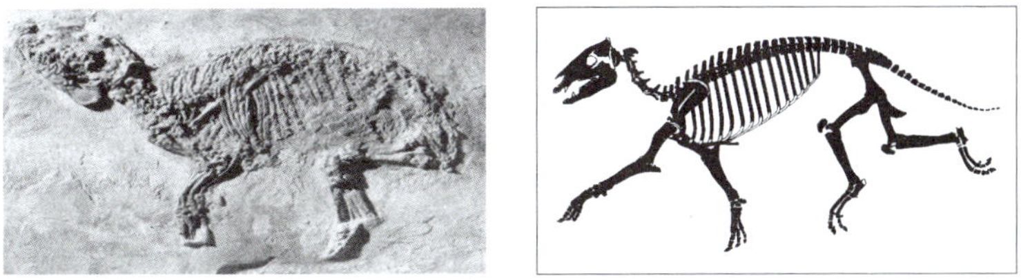

Abb. 12: Fossil eines Urpferdchens (*Eurohippus parvulus messelensis*) aus der Grube Messel bei Darmstadt, Alter 50 Mio. Jahre (Tertiär, Mitteleozän). Daneben Skelettrekonstruktion.

Zu den neueren Methoden der Fossilauswertung zählt die **Röntgenanalyse**. Damit kann man auch die tiefer im umhüllenden Gestein liegenden Strukturen sichtbar machen, ohne das Fossil zu zerstören. Abb. 13 zeigt eine Röntgenaufnahme einer etwa 45 Mio. Jahre alten Fledermaus aus den tertären Ablagerungen von Messel. Häufig sind aber nur einzelne Bestandteile von Skeletten erhalten, insbesondere die harten Zähne. Durch vergleichende Studien kann man auch aus solchen Einzelteilen oft den Organismus weitgehend rekonstruieren.

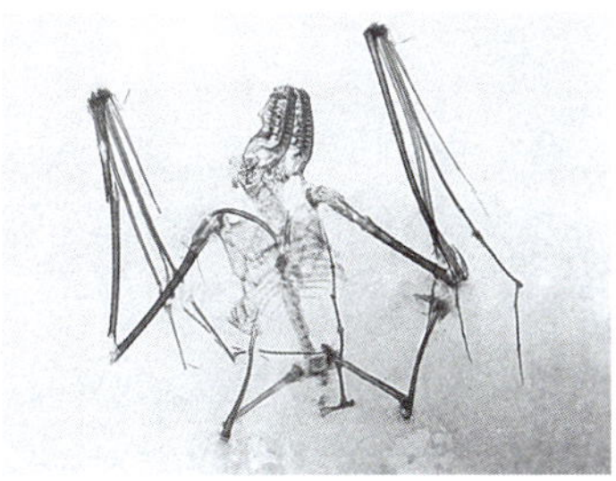

Abb. 13: Röntgenaufnahme einer fossilen Fledermaus.

Mikrofossilien sind mikroskopisch kleine Fossilien wie Bakterien, Pollenkörner und einzellige Pflanzen und Tiere.

Neben diesen auffallenden Fossilien spielen auch **Mikrofossilien** eine wichtige Rolle. Ganze Blüten von Blütenpflanzen sind selten erhalten, dagegen sind die Blütenpollen sehr widerstandsfähig. Sie haben zudem eine differenziert strukturierte Gestalt und Oberfläche. Viele Kenntnisse über die Evolution der Blütenpflanzen verdanken wir den Funden und der Analyse von fossilen Pollenkörnern.

1.1 Wie entstehen Fossilien?

Den Vorgang der Bildung von Fossilien bezeichnet man als **Fossilisation**. Nach dem Tod eines Organismus beginnen gewöhnlich schnell die Prozesse der Zerstörung und des bakteriellen Abbaus. Nur in seltenen Fällen sind die Umweltbedingungen so, dass eine Mumifikation mit Erhaltung von Weichteilen stattfindet. Das kann durch Kälte geschehen, wie mit den Mammuten im sibirischen Dauerfrostboden, oder durch extreme Austrocknung in Wüsten. Bei dem oben erwähnten Urpferdchen aus der Grube Messel wurde der Mageninhalt und zum Teil auch die Haut dadurch konserviert, dass der Körper des toten Tieres am Boden eines Sees abgelagert wurde. Aufgrund von Sauerstoffmangel blieb die Verwesung unvollständig und Weichteile konnten mit fossilisiert werden.

Abb. 14: Karbonzeitlicher Schuppenbaum (*Lepidodendron*). Im Stammquerschnitt sind die Gewebestrukturen erkennbar. Alter ca. 300 Mio. Jahre.

In den meisten Fällen bleiben nur die Hartteile wie Skelette, Zähne, Schnecken- und Muschelschalen, Chitinpanzer von Insekten und Krebsen erhalten. Nach der Ablagerung werden die Reste durch weitere Sedimentschichten zugedeckt und unter dem Druck zunehmend verfestigt. Dabei können je nach Gesteinsart mineralhaltige Lösungen in das organische Material eindringen und die ursprüngliche Substanz durch Imprägnierung und Umkristallisation verändern bzw. ersetzen (sog. Fossildiagenese). Ein bekanntes Beispiel einer Imprägnierung mit Kieselsäure sind die versteinerten Bäume. Dabei ersetzt die auskristallisierende Kieselsäure die Zellwände so exakt, dass man an Dünnschliffen von versteinertem Holz die Zellen und die Jahresringe unter dem Mikroskop erkennen kann (Abb. 14).

1.2 Die relative Altersbestimmung

Als **Sediment** bezeichnet man Ablagerungen von Sand, Ton, Kalk usw. durch Wind oder Wasser.

Als **Erdmittelalter** (Mesozoikum) gilt der Zeitraum zwischen 245 und 65 Millionen Jahren (s. Abb. hintere Umschlaginnenseite).

Die meisten Fossilien werden in **Sedimentgesteinen** gefunden. Das sind Sand-, Kalk- und Tongesteine, die vorwiegend durch Ablagerung in Gewässern und anschließende Verfestigung durch den Druck der überlagernden Sedimente entstanden sind. Ältere Sedimentgesteine können heute Gebirge bilden, wenn sie im Laufe der Zeit durch Bewegungen der Erdkruste emporgehoben wurden. Beispiele dafür sind die süddeutschen Schichtstufenlandschaften der fränkischen und der schwäbischen Alb, die aus wechselnden Schichten von Sandsteinen, Kalken und Tonschiefern des **Erdmittelalters** bestehen (Abb. 15). Auch ehemalige Meeresbewohner können daher fossil in heutigen Gebirgslagen gefunden werden. In kristallinen Gesteinen, die durch Erstarrung von glutflüssiger Gesteinsschmelze (Magma) entstanden sind, finden sich keine fossilen Reste.

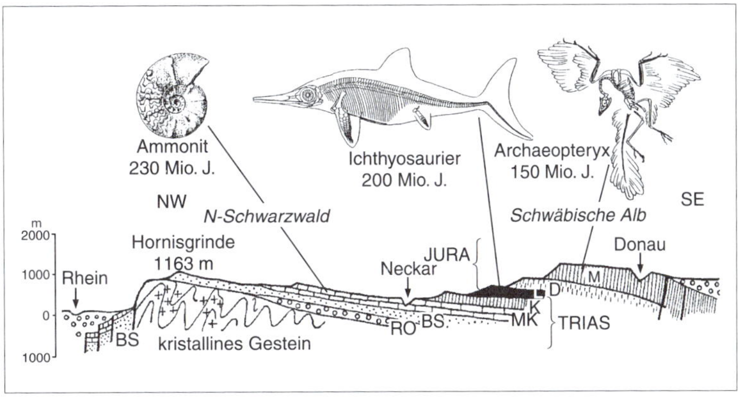

Abb. 15: Profil der schwäbischen Schichtstufenlandschaft mit charakteristischen Fossilien einzelner Schichten. L, D, M: Juraschichten Lias, Dogger, Malm; Bs, Mk, K: Triasschichten Buntsandstein, Muschelkalk, Keuper, RO: Rotliegendes, die oberste Schicht im Perm (Erdaltertum).

Da Sedimente – sei es durch Wasser oder Wind – immer von oben auf ihre Unterlage abgelagert werden, ergibt sich eine einfache Grundregel der Datierung: bei ungestörter Lagerung der Gesteine sind die unteren Schichten die älteren, die oberen die jüngeren. Die **Schichtfolge** entspricht also der zeitlichen Folge. Diese Altersangaben sind allerdings nur relativ, eine absolute Altersbestimmung lässt sich damit nicht erreichen. Die Epochen der Erdzeitalter wurden oft nach den Sedimentgesteinen ihrer Schichtenfolge benannt, so z. B. die Trias-Periode, mit den Formationen Buntsandstein, Muschelkalk, Keuper, oder die „Kreide"-Periode (siehe vorderer Innenumschlag). Weit entfernt voneinander liegende Schichten können oft aufgrund des Gehalts an gleichen Fossilien identifiziert werden. Man bezeichnet solche Fossilien dann als **Leitfossilien**.

Leitfossilien sind für eine bestimmte Sedimentschicht charakteristische Fossilien.

1.3 Die absolute Altersbestimmung

Große Bedeutung für die Bestimmung des tatsächlichen (absoluten) Alters von Gesteinen und Fossilien hat die Methode der **Messung des radioaktiven Zerfalls**. In der Natur kommen etwa 70 radioaktive Isotope vor. Die Datierung beruht nun auf der Tatsache, dass die Atomkerne (Nuklide) dieser Isotope α-, β^-- oder γ-Strahlen abgeben und dadurch „zerfallen", d. h. sich in andere Elemente umwandeln. Dieser Zerfall geht mit konstanter Rate unabhängig von Druck und Temperatur vor sich. Ein Nuklid zerfällt so, dass in gleichen Zeiten stets gleiche Bruchteile in Tochternuklide umgewandelt werden. So zerfällt z. B. die Hälfte der ^{40}Kalium-Nuklide, die bei der Gesteinsbildung aufgenommen wurden, in 1 300 Millionen Jahren zu ^{40}Argon. Man nennt diesen Wert die **Halbwertszeit**: die Anzahl von Jahren, in der die Hälfte des vorhandenen Isotops zerfallen ist. Die verschiedenen radioaktiven Isotope haben unterschiedliche Halbwertszeiten (vgl. Tab. 2). So hat das Radiocarbon ^{14}C nur eine Halbwertszeit von 5 740 Jahren, es kann daher nur für die letzten 50 000 Jahre zur Datierung verwendet werden (siehe Abb. 16). Ältere Proben lassen sich z. B. mit der Kalium-Argon-Uhr bestimmen, da hier aufgrund der langen Halbwertszeit auch nach langer Zeit noch genügend messbares Ausgangsnuklid erhalten ist.

Isotope sind die verschiedenen Formen eines chemischen Elements, die sich durch unterschiedliche Anzahl von Neutronen im Atomkern und damit in ihrer Masse unterscheiden. Die Zahl der Protonen und Elektronen ist gleich.

→ siehe auch molekulare Uhr S. 82

Methode	Datierbarer Bereich	Mutterisotop und Zerfallsart		Tochter-isotop	Halbwerts-zeit (Jahre)
Uran–Blei		^{238}U	α,γ	^{206}Pb	$4{,}5 \cdot 10^{9}$
	Präkambrium	^{235}U	α,γ	^{207}Pb	$0{,}7 \cdot 10^{9}$
Thorium–Blei	bis	^{232}Th	α,γ	^{208}Pb	$1{,}4 \cdot 10^{10}$
Rubidium–Strontium	Tertiär	^{87}Rb	β^-	^{87}Sr	$4{,}7 \cdot 10^{10}$
Kalium–Argon	Präkambrium bis Eiszeit	^{40}K	β^-,γ	^{40}K ^{40}Ar	$1{,}3 \cdot 10^{9}$
Radiocarbon	Würm-Eiszeit bis Gegenwart	^{14}C	β^-	^{14}N	$5{,}73 \cdot 10^{3}$

Tab. 2: Methoden der Altersbestimmung mithilfe radioaktiver Isotope.

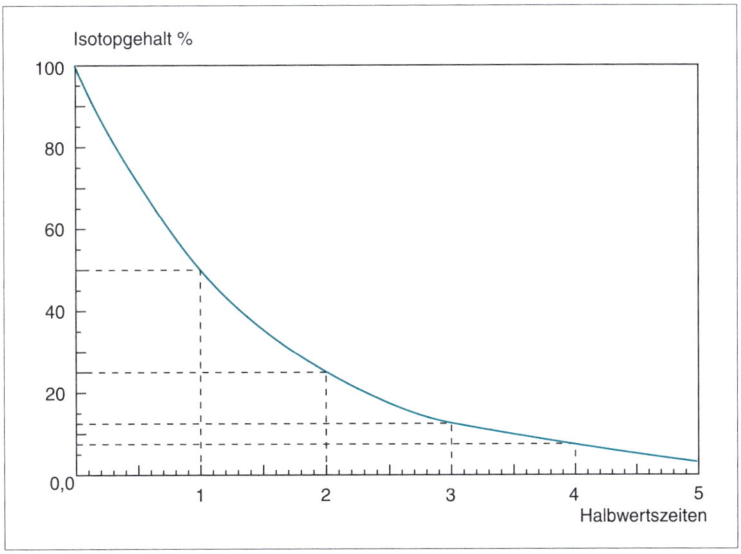

Abb. 16: Allgemeines Diagramm des radioaktiven Zerfalls.

Die radiometrische Datierung ist nicht anwendbar auf Sedimentgesteine, da die Isotope ja bereits vor der Ablagerung in die Gesteinspartikel eingelagert wurden. Das Alter von Sedimentgesteinen und der in ihnen enthaltenen Fossilien lässt sich aber durch Datierung der sie begleitenden vulkanischen Gesteine bestimmen.

2 Methoden der Verwandtschaftsforschung

Phylogenese bezeichnet die stammesgeschichtliche Entwicklung von Organismen.

rezent: in der Gegenwart existierend

Evolution ist ein historischer Prozess, der sich über Jahrmillionen erstreckt. Es ist daher prinzipiell unmöglich, die Vorgänge der Stammesgeschichte durch direkte Beobachtung zu erforschen, vielmehr muss man aus der Untersuchung der gegenwärtigen Organismen auf ihre Entstehung und deren Ursachen zurückschließen. Ein Ergebnis der Evolution ist die abgestufte **Verwandtschaft der Lebewesen** untereinander, die den Ansatzpunkt für die Erschließung von phylogenetischen Zusammenhängen und evolutiven Entwicklungen liefert. Je enger verwandt Organismen sind, umso jünger muss ihr gemeinsamer Vorfahre sein. Wie lässt sich der Grad der Verwandtschaft aus den heute lebenden („rezenten") Organismen ermitteln?

2.1 Vergleichend-morphologische Verfahren – Homologie und Analogie

Homologie: griech. *homos* gleich; *logos* Lehre

Analogie: griech. *ana* gemäß; *logos* Lehre

Die zwei Arten von Ähnlichkeit: Homologie und Analogie

Vogel und Fledermaus haben durch die Entwicklung der Vorderextremitäten zu Flügeln die Fähigkeit erlangt, den Luftraum als Lebensraum zu nutzen (Abb. 17). Ist der Besitz von Flügeln ein Hinweis auf ihre Verwandtschaft?

Beim Vogelflügel ist der **Skelettanteil** verkleinert, insbesondere sind Handgelenk, Hand- und Fingerknochen reduziert. Der Fledermausflügel zeigt dagegen lang ausgezogene Skelettelemente, wobei besonders die fünf Mittelhand- und Fingerstrahlen stark verlängert sind. In beiden Fällen werden die Flügel von den Vorderextremitäten (Armen) gebildet. Zudem zeigt sich eine weitgehende Übereinstimmung in der Abfolge der Knochen: vom Körper ausgehend folgen aufeinander Oberarmknochen – Ellenbogengelenk – Elle und Speiche – Handwurzelknochen – Mittelhandknochen – Fingerknochen. Nur die Anzahl und die relative Größe (Proportion) der Elemente sind unterschiedlich. Solche Übereinstimmungen im Bau und in der Lage von Organen bezeichnet man als **Homologie**, sie werden als Hinweis auf Verwandtschaft gewertet. Vogel und Fledermaus stammen demnach von einem Vorfahren ab, der bereits eine derartig gegliederte Vorderextremität besaß.

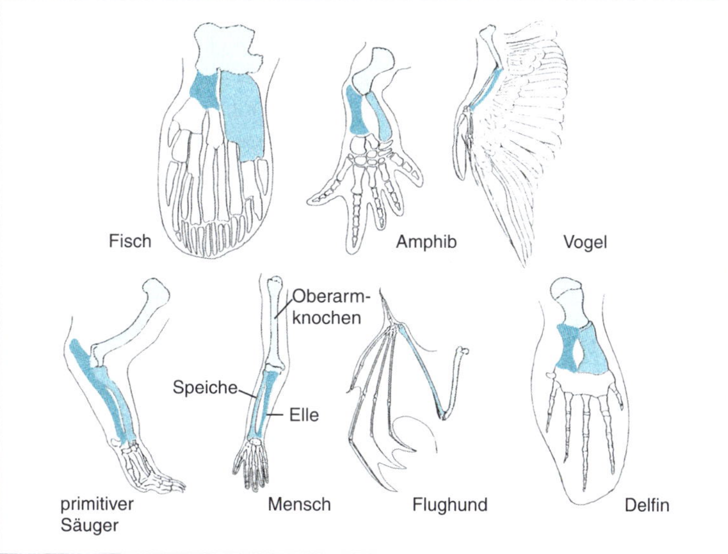

Abb. 17: Homologer Bau der Vordergliedmaßen von Wirbeltieren.

Als **Homologie** bezeichnet man die Ähnlichkeit von Merkmalen aufgrund gemeinsamer Abstammung.

Anders verhält es sich mit der **Tragfläche** der Flügel. Sie besteht beim Vogel aus den Federn, bei der Fledermaus aus der gespannten Flughaut. Offensichtlich liegt hier eine Anpassung an das Leben im Luftraum vor, die zwar zu funktionell gleichartigen, aber in der Konstruktion ganz verschiedenartigen Organen geführt hat. Vogel und Fledermaus haben unabhängig voneinander Flügel „erfunden", ihr Besitz beruht nicht auf Verwandtschaft und weist daher nicht auf einen gemeinsamen *fliegenden* Vorfahren hin. Diese Art der Übereinstimmung bezeichnet man als **Analogie** oder **Konvergenz**.

Konvergenz: lat. *convergere* zusammenneigen

Unter **Analogie** oder **Konvergenz** versteht man die Ähnlichkeit von nicht-homologen Merkmalen, die durch gleich gerichtete Anpassung bzw. Funktionsgleichheit entstanden ist.

Der Vergleich Vogel- und Fledermausflügel zeigt also Merkmale, die sowohl auf Homologie als auch auf Analogie beruhen. Für eine genaue Ermittlung der Verwandtschafts- und Abstammungsverhältnisse müssen möglichst viele weitere Homologien bestimmt werden.

Homologiekriterien: Um Homologien von Analogien zu unterscheiden, wurden Homologiekriterien aufgestellt, von denen die wichtigsten das Lagekriterium, das Stetigkeitskriterium und das Kriterium der speziellen Qualität sind.

- Das **Lagekriterium** besagt, dass zwei Organe dann homolog sind, wenn sie die gleiche Lage in einem Gefügesystem (Bauplan) einnehmen. Nicht nur bei Vogel und Fledermaus, sondern bei fast allen Landwirbeltieren und sogar bei manchen Fischen wie den Quastenflossern findet sich ein übereinstimmender Grundbauplan der Extremitäten, der durch die gleichartige Abfolge der Elemente gekennzeichnet ist. Jeder einzelne Knochen lässt sich daher aufgrund seiner Lage in diesem Gefügesystem homologisieren (Abb. 17). Der Besitz solcher homologer Skelettelemente im Gefügesystem der Gliedmaßen lässt sich nur als Resultat gemeinsamer Abstammung verstehen. Die Unterschiede zwischen den einzelnen Arten beruhen im Wesentlichen auf Proportionsunterschieden, Unterschieden in der Anzahl der Elemente und Verwachsungen.
- Das **Stetigkeitskriterium** besagt: zwei Organe können als homolog eingestuft werden, wenn sie zwar unterschiedlich ausgebildet sind, aber über eine Reihe von vermittelnden Zwischenformen miteinander verbunden werden können. Das Beinskelett des rezenten Pferdes besteht aus einer einfachen Reihe von Knochen, die wenig Ähnlichkeit mit dem Typus der fünfgliedrigen Extremität der Säugetiere zeigt. Die Ableitung des Pferdebeins wird durch eine Reihe fossiler Zwischenformen belegt. Daraus lässt sich auch erkennen, dass die einstrahlige Form beim heutigen Pferd nicht durch Verwachsung, sondern durch Reduktion der einzelnen Glieder entstanden ist (Abb. 18).

→ siehe Evolution der Pferde S. 66f.

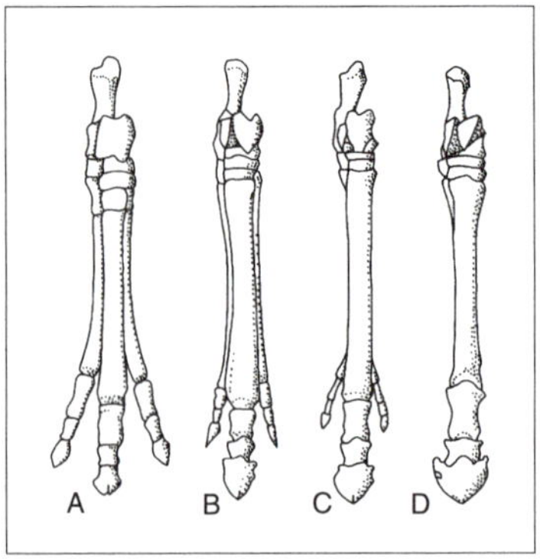

Abb. 18: Reduktion von Finger- und Mittelhandknochen in der Evolution der Pferde.

- Das **Kriterium der speziellen Qualität** ist vor allem für die Beurteilung von fossilen Einzelfunden wichtig, bei denen die Lage im Gefügesystem nicht erhalten ist. Auch ein isolierter Zahn, eine einzelne Feder lassen sich unschwer aufgrund ihrer Form und Beschaffenheit identifizieren. Die Homologie des Säugetierzahns mit den Schuppen auf der Haut von Haifischen lässt sich aus ihrem übereinstimmenden Aufbau ableiten. Dieses Kriterium muss mit besonderer Vorsicht angewendet werden, da gleichartige Qualitäten von Organen auch auf Analogie beruhen können.

Als **Ritualisierung** bezeichnet die Verhaltenslehre ein Instinktverhalten, das im Laufe der Stammesgeschichte eine neue Bedeutung als Signalfunktion erhalten hat und der innerartlichen Kommunikation dient.

Mit diesen Kriterien können auch Verhaltensweisen homologisiert werden. Entenarten zeigen in der Balz das Scheinputzen, eine ritualisierte Gefiederpflege, die hier Signalfunktion für den Geschlechtspartner hat. Die spezielle Qualität der Bewegungsweisen ermöglicht eine Homologisierung (Abb. 19).

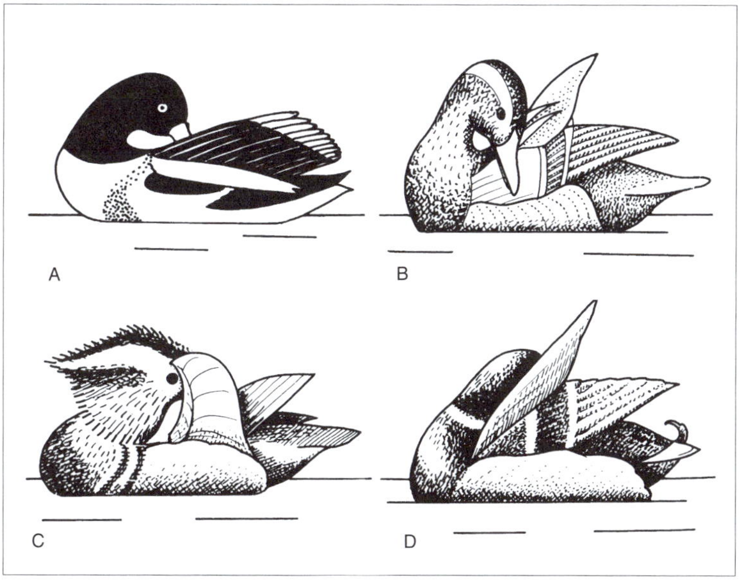

Abb. 19: Homologe Verhaltensweisen von Entenarten: Scheinputzen in der Balz. (A) Branderpel, (B) Knäckerpel, (C) Mandarinerpel, (D) Stockerpel.

Nah oder fern verwandt? – Der Verwandtschaftsgrad

Das **Amnion** ist die Fruchtwasserblase, in der der Embryo von Reptilien, Vögeln und Säugetieren während seiner Entwicklung schwimmt. Es wird von einer aus dem Embryo wachsenden Membran gebildet.
→ Bedeutung des Amnions für die Evolution der Wirbeltiere siehe S. 61

Zur Klärung des Verwandtschaftsgrades müssen abschließend die ermittelten Homologien noch bewertet werden. Wie gezeigt, stellt der Besitz von vier gleichartig aufgebauten und angeordneten Extremitäten im Skelett von Vogel und Fledermaus eine Homologie dar, die auf einen gemeinsamen vierbeinigen Vorfahren hinweist. Homolog ist auch der Besitz einer Fruchtwasserblase (Amnion), die den Embryo umgibt und ihn vor Stößen schützt. Während aber Vögel ihre Eier ablegen und bebrüten, sind Fledermäuse Säugetiere mit einer Plazenta, über die der heranwachsende Embryo im Mutterleib ernährt wird. Auch Haare und Milchdrüsen kommen nur bei den Säugern vor. Nach der Feststellung von Homologien müssen sie daher in einem weiteren Schritt in Bezug auf ihren Verwandtschaftsgrad bewertet werden.

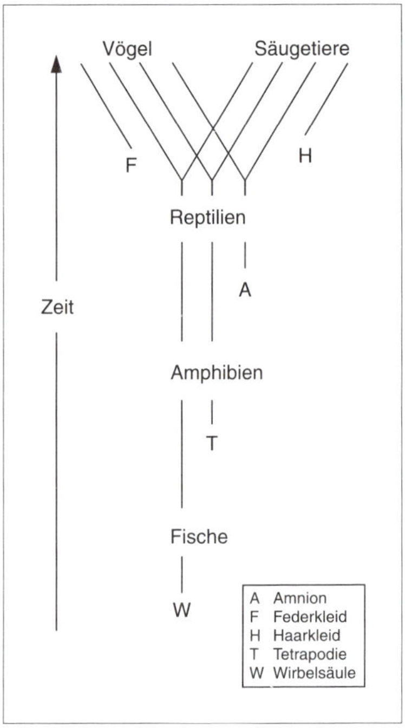

Abb. 20: Schema zum unterschiedlichen Alter von Merkmalen.

Ein Amnion haben neben Vögeln und Säugern auch die Reptilien; vier Extremitäten (Tetrapodie) finden sich dazu noch bei Amphibien, und eine Wirbelsäule besitzen auch die Fische. Je mehr Organismengruppen solche homologen Organe aufweisen, umso früher muss ihre Abstammung von einem gemeinsamen Vorfahren angenommen werden (Abb. 20).

Eine **Plesiomorphie** ist ein ursprüngliches, in vielen Gruppen verbreitetes homologes Merkmal.

Solche **alten Baumerkmale (Plesiomorphien)** können nicht zur eindeutigen Kennzeichnung einzelner Verwandtschaftsgruppen herangezogen werden, da sie ja von vielen Gruppen geteilt werden. Der Besitz eines Amnions kennzeichnet nicht die Vögel als Verwandschaftsgruppe, denn auch Reptilien und Säuger haben ein Amnion.

Eine **Apomorphie** ist ein abgeleitetes homologes Merkmal. Tritt sie als charakteristisches Kennzeichen einer Verwandtschaftsgruppe auf, bezeichnet man sie als **Synapomorphie.**

Mittelohrknochen, sekundäres Kiefergelenk siehe S. 117 f.

Als entscheidende Kriterien zur Abgrenzung einer natürlichen Verwandtschaftsgruppe können nur die Eigenschaften herangezogen werden, die tatsächlich nur für diese Gruppe charakteristisch sind, also **abgeleitete Merkmale** oder **Apomorphien**. Für die Vögel stellt das Federkleid eine gemeinsame Apomorphie (Synapomorphie) dar, für die Säuger u. a. das Haarkleid oder die Milchdrüsen oder die drei Mittelohrknochen Hammer, Amboss und Steigbügel.

Artentstehung siehe S. 102 ff.

Für die Erstellung von Stammbäumen müssen also die Merkmale auf Homologie und auf ihre Verbreitung in den verschiedenen Verwandtschaftsgruppen untersucht werden. Eine moderne Methode der Stammesforschung ist die Kladistik (phylogenetische Systematik), die davon ausgeht, dass jeweils aus einer Stammart zwei neue Arten entstehen. Daraus resultiert ein Stammbaum (ein „Kladogramm"), bei dem die monophyletischen Gruppen immer durch gemeinsame abgeleitete Merkmale (Synapomorphien) bestimmt sind (Abb. 21). Bei der Verwendung von vielen Merkmalen werden Computerprogramme eingesetzt, mit deren Hilfe auch die Auswertung molekularer Merkmale, wie z. B. DNA-Sequenzen, vorgenommen werden kann.

Beispiel für ein DNA-Kladogramm siehe Buntbarsche S. 36

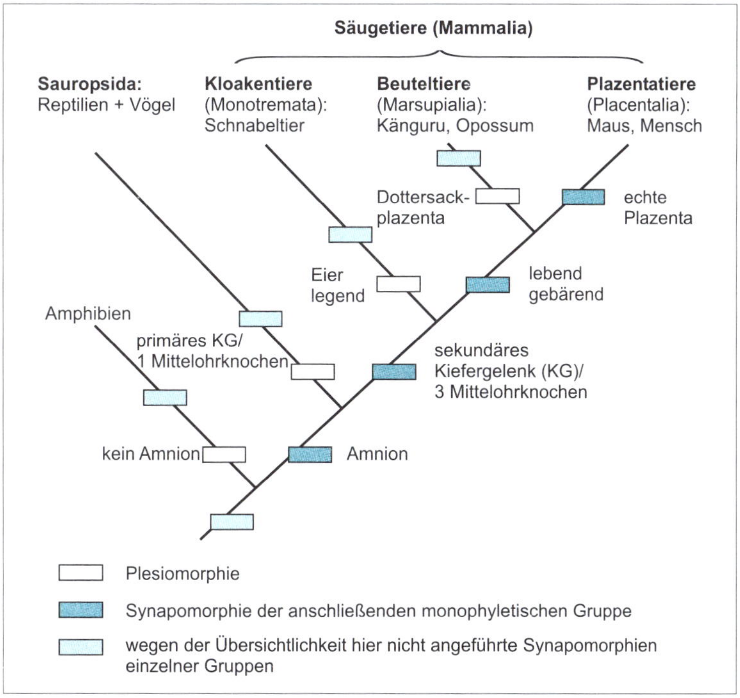

Abb. 21: Kladogramm eines Teils der Wirbeltiere. Jede monophyletische Gruppe ist durch nur für sie charakteristische Synapomorphien bestimmt.

Analogie und Konvergenz

Als **analoge Organe** bzw. konvergente Entwicklungen **(Konvergenzen)** bezeichnet man gleiche Gestaltungen, deren Ähnlichkeit nicht auf Verwandtschaft beruht, sondern aufgrund von gleichartigen Funktionen entstanden ist. Die Ermittlung einer Konvergenz geht methodisch immer zunächst von der Verwandtschaftsprüfung aus:

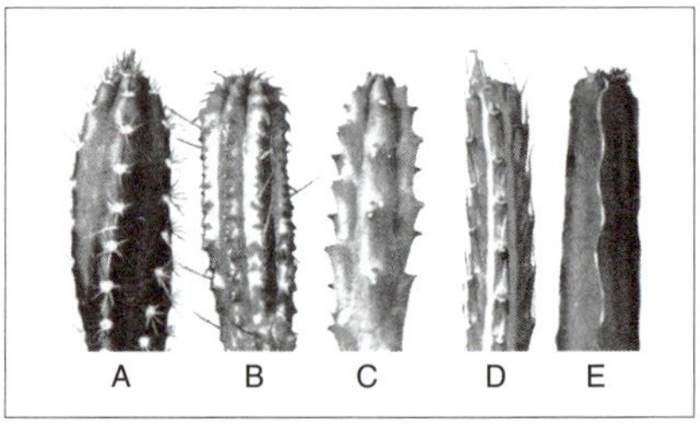

Abb. 22: Konvergente Ausbildung von Stammsukkulenz in verschiedenen Pflanzenfamilien. (A) Kaktus, (B) Wolfsmilch, (C) Schwalbenwurz, (D) Korbblütler, (E) Cissus.

Ergeben die Homologiekriterien keinen Nachweis der Verwandtschaft zweier ähnlicher Strukturen, dann liegt Konvergenz vor: In beiden Stammeslinien treten unabhängig ähnliche Formen auf, in diesem Sinne „neigen" die beiden Linien „zusammen" (konvergieren). Im Tier- und Pflanzenreich sind konvergente Formen reich vertreten, was die Verwandtschaftsbestimmung sehr erschwert. In Anpassung an trockenes Klima beispielsweise ist in verschiedenen Pflanzenfamilien unabhängig voneinander Stammsukkulenz entstanden (Abb. 22). Bei den Blütenpflanzen hat sich als weitverbreitete („typische") Struktur die Bildung der Seitentriebe jeweils aus einer Blattachsel entwickelt, sodass gewöhnlich die Knospe für den Seitentrieb zwischen Blatt („Tragblatt") und Hauptachse sitzt.

Sukkulenz ist die Fähigkeit zur Wasserspeicherung in besonderen Geweben von Pflanzen. Diese Gewebe können in Blättern, der Sprossachse oder in Wurzeln gebildet werden, die dadurch meistens dicker werden.

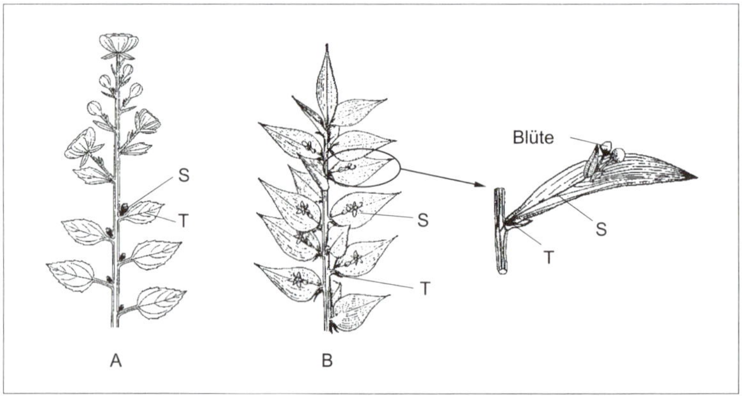

Abb. 23: (A) Sprossschema einer Blütenpflanze, (B) konvergente Ausbildungen der Blattgestalt durch Seitenzweige beim Mäusedorn.
S Seitentrieb, T Tragblatt.

Beim Mäusedorn ist das scheinbar umgekehrt: hier entwickelt sich das Blatt in der Achsel eines kleinen schuppenförmigen Organs (Abb. 23 B). Der Strukturvergleich (Lagekriterium!) zeigt: Das vermeintliche Blatt ist einem Seitentrieb homolog, der nur abgeflacht und grün wie ein Blatt erscheint. Das eigentliche Blatt ist die darunter befindliche Schuppe. Hier hat sich also ein Seitentrieb konvergent zum Blatt ausgestaltet. Auch das Kriterium der speziellen Qualität ist hier anwendbar: wie normale Seitentriebe können auch die „Blätter“ beim Mäusedorn verzweigt sein und z. B. Blüten tragen.

In Anpassung an die Fortbewegung im Wasser haben viele nicht verwandte Tiere konvergente Körperform und flossenartige Organe entwickelt (Abb. 24): Fische, Reptilien (Ichthyosaurier), Säugetiere (Delfine, Wale), sogar Vögel (Pinguin). Häufig ist auch die Anpassung an gleiche Nahrung ein Grund für ähnliche Ausbildung. So gibt es in allen drei Säugetiergruppen (Kloakentiere, Beuteltiere, plazentale Säuger) den Nahrungstyp des Ameisenfressers mit lang gezogener Schnauze, langer Zunge und kräftigen Krallen (Abb. 25). Die Beuteltiere Australiens haben viele gleichartige Nischen wie die plazentalen Säuger besetzt und übereinstimmende Lebensformen hervorgebracht: Beutelwolf, Beutelmaus, Koalabär, sogar einen Beutelmaulwurf (siehe S. 38).

Kloakentiere erhielten ihren Namen, weil bei ihnen Harnleiter und Geschlechtsorgane in den Endabschnitt des Darmes (Kloake) münden. → z. B. Schnabeltier siehe S. 119 f.

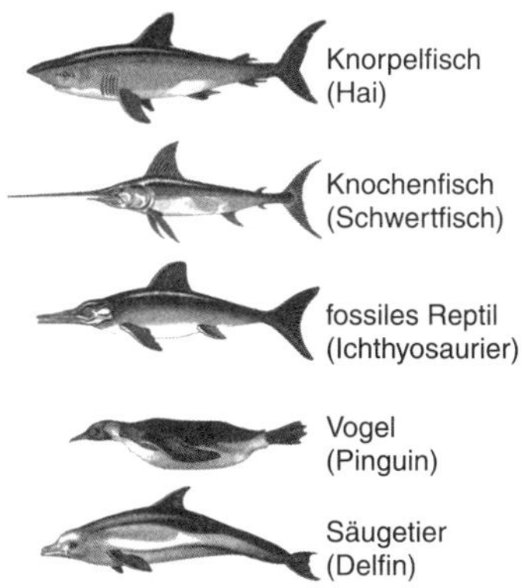

Abb. 24: Konvergente Ausbildung der Stromlinienform bei nicht verwandten Wirbeltieren.

Abb. 25: Konvergente Lebensform des Ameisenfressers bei den drei Säugetier-Unterklassen.

2.2 Die biogenetische Grundregel

Chordatiere sind durch einen knorpeligen Stab anstelle einer Wirbelsäule gekennzeichnet.
→ siehe S. 57

Ontogenese ist die Individual- oder Keimesentwicklung eines Organismus.

Bei den Chordatieren, zu denen neben den Wirbeltieren noch die meeresbewohnenden Manteltiere (Tunicata) gehören, findet sich als ein ursprüngliches Organ der Kiemendarm. Das Lanzettfischchen, das nahe mit den Manteltieren verwandt ist, besitzt einen solchen von seitlichen Öffnungen durchbrochenen vorderen Darmabschnitt (Abb. 26). Er dient den am Meeresboden lebenden Tieren zum Herausfiltern von Nahrungspartikeln aus dem eingestrudelten Wasser. Bei den Fischen haben die Öffnungen die Funktion von Kiemenspalten, das Wasser strömt durch sie an den Kiemen entlang. Zwar wird der Kiemendarm bei den Landwirbeltieren, die zur Lungenatmung übergegangen sind, nicht mehr entwickelt. Trotzdem erscheint seine Anlage vorübergehend während der frühen Individualentwicklung **(Ontogenese)**. Selbst beim Menschen treten im vier bis fünf Wochen alten Embryo Kiementaschen mit zugeordneten Arterienbögen auf. Die meisten dieser Blutgefäße werden noch während der Embryonalentwicklung wieder zurückgebildet (Abb. 27).

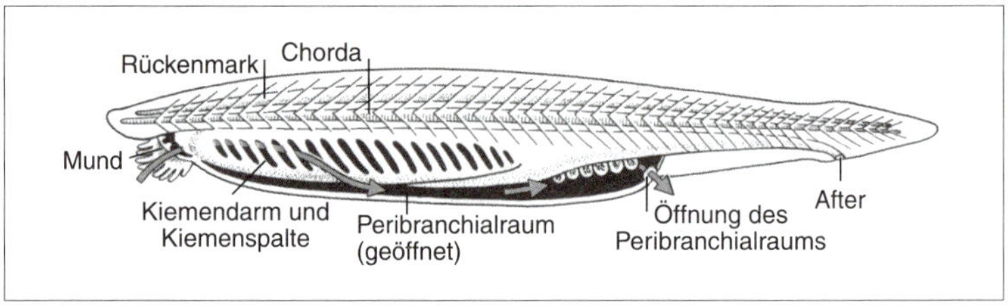

Abb. 26: Lanzettfischchen.

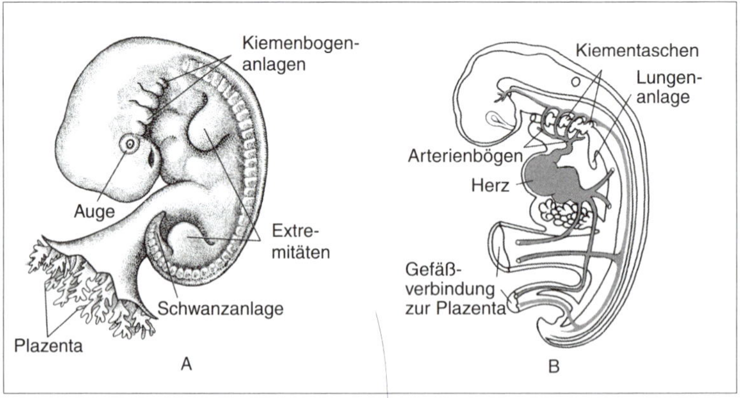

Abb. 27: Menschlicher Embryo im Alter von vier Wochen. Anlage der Kiemenbögen (A) und der zugehörigen Arterienbögen (B) als ontogenetische Rekapitulation ist erkennbar.

Die Erscheinung, dass während der Embryonalentwicklung vorübergehend Anlagen auftreten, die bei stammesgeschichtlich älteren Gruppen voll ausgebildete funktionsfähige Organe darstellen, hat der Zoologe Ernst Haeckel (1834–1919) zu der **biogenetischen Grundregel** zusammengefasst.

Die **biogenetische Grundregel** besagt, dass in der Ontogenese phylogenetische Stadien noch einmal wiederholt (rekapituliert) werden können.

→ Phylogenese siehe S. 20

→ weiteres Beispiel: Blutkreislauf der Wirbeltiere, vgl. S. 59

Auch von wirbellosen Tieren sind solche Rekapitulationen bekannt. Muscheln, Grabfüßer und Ringelwürmer durchlaufen in ihrer Ontogenese alle ein weitgehend übereinstimmendes Larvenstadium, obwohl sie im ausgewachsenen Zustand sehr verschieden aussehen (Abb. 28). Diese sogenannte Trochophora-Larve vermag sich mithilfe ihrer Wimpernkränze frei schwimmend im Wasser fortzubewegen. Auch hier weist das Durchlaufen eines solchen gleichartigen Larvenstadiums auf die gemeinsame Abstammung aller drei Verwandtschaftsgruppen.

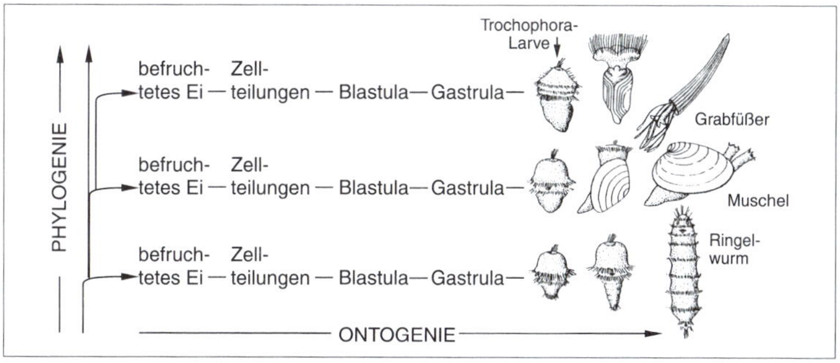

Abb. 28: Übereinstimmende Ausbildung der Trochophora-Larve.

Allerdings sind keineswegs alle embryonalen Organe in diesem Sinne zu deuten. Das Amnion ist z. B. ein spezielles Organ, das dem Schutz des Embryos dient. Es ist aber nicht zugleich eine Wiederholung eines stammesgeschichtlichen Vorfahren, der im ausgewachsenen Zustand mit einer Fruchtwasserblase um den Körper herum gelebt hätte! Für die Unterscheidung zwischen solchen Embryonalorganen und echten stammesgeschichtlichen Resten gibt es keine eindeutigen Kriterien. Nur durch vergleichende Untersuchungen kann im Einzelfall entschieden werden, ob eine ontogenetische Rekapitulation stammesgeschichtlicher Vorformen vorliegt oder eine spezielle embryonale Organbildung.

2.3 Rudimente und Atavismen

Rudimente: lat. *rudimentum* Rest

Atavismen: lat. *atavus* Vorfahr

Bei Schlangen haben sich die Extremitäten zurückentwickelt; bei manchen Arten wie der Pythonschlange finden sich aber noch Reste des Beckens und der Hinterextremität im Körper. Flugunfähige Vögel wie Strauß und Kiwi haben rudimentäre Flügel. Das menschliche Steißbein kann als Rudiment einer Schwanzwirbelsäule verstanden werden. Inselorganismen zeigen häufig eine Reduktion von Flugorganen, und zwar sowohl Tiere als auch Pflanzen (Abb. 29). Gründe dafür liegen einerseits in der Abwesenheit von (Boden-)Feinden, andererseits auch in den Stürmen, die kleine fliegende Tiere oder Pflanzensamen leicht auf das Meer hinaustragen können. Damit haben flugunfähige Organismen eine höhere Überlebenschance. Auch solche Reste sind Belege für Evolutionsprozesse. Rudimentäre Organe sind aber keineswegs völlig funktionslos. So bilden z. B. die Beckenknochen bei Walen Ansatzpunkte für die Muskulatur des Genitalapparates (Abb. 30).

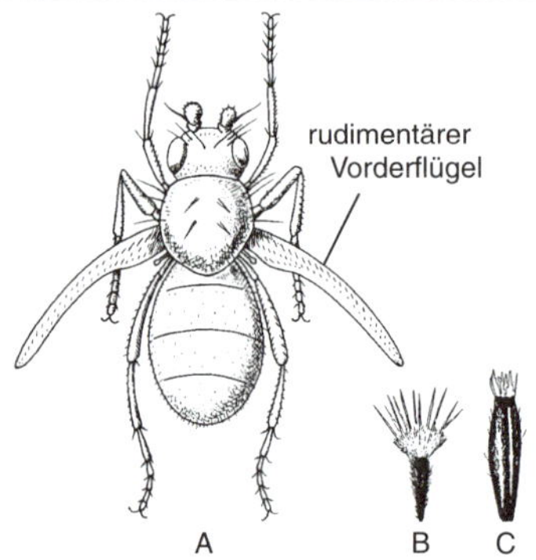

Abb. 29: Rudimentierung der Flugorgane bei inselbewohnenden Organismen: A Fliege; B und C Samen von nahe verwandten Korbblütlern aus Kalifornien (B) und von Hawaii (C).

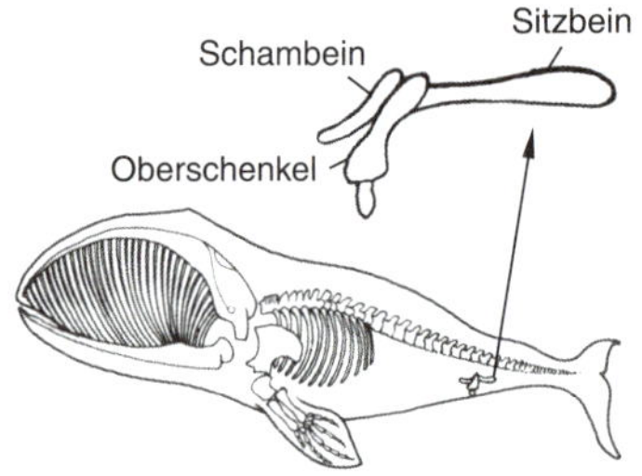

Abb. 30: Rudimentäre Anlage des Beckens bei Walen.

Als **Rudimente** bezeichnet man Rückbildungen von ehemals voll funktionsfähigen Organen.

Bei Pferden bildet sich manchmal ein überzähliger Huf aus dem normalerweise fast vollständig reduzierten Griffelbein (Abb. 31), beim Menschen kann das Steißbein schwanzartig verlängert oder der Körper mit Fell bedeckt sein. Solche Atavismen weisen darauf hin, dass die Anlagen zu ihrer Bildung noch im Genom vorhanden sind und ausnahmsweise wieder aktiv werden können.

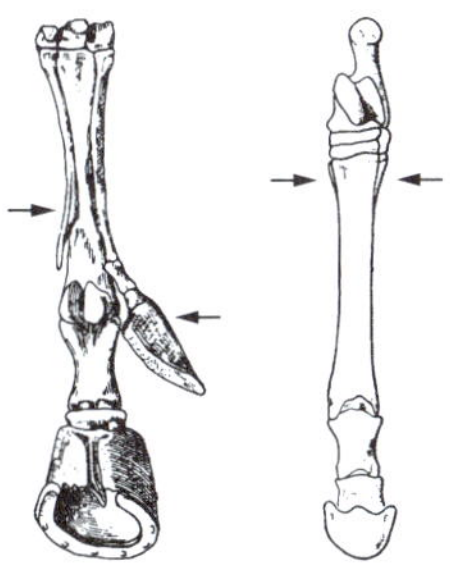

Abb. 31: Atavistische Ausbildung (siehe Pfeile) eines überzähligen Hufs beim Pferd.

Als **Genom** bezeichnet man die Gesamtheit aller Gene im Chromosomensatz.

Folgendes Beispiel kann dies verdeutlichen: Wenn man das Kieferepithel von Hühnerembryonen auf das Kiefermesoderm von Mäusen überträgt, bilden sich Zähne im Vogelschnabel. Das zeigt zum einen, dass der Vogelembryo auf eine Induktion antworten kann, die in seiner Stammeslinie ca. 80 Mio. Jahre nicht mehr aktiv war. Offensichtlich sind die Anlagen zur Zahnbildung bewahrt worden. Zum anderen wird das Induktionssignal der Maus auch vom Vogelembryo „verstanden“, was auf den Besitz dieser Induktion beim gemeinsamen Wirbeltierahnen deutet. Das Genom bewahrt demnach sehr lange die Anlagen für manche Merkmale, auch wenn sie nicht mehr phänotypisch ausgeprägt werden. Es ist anzunehmen, dass solche verborgenen Gene zumindest während der Ontogenese eine Funktion haben, da sie bei völliger Funktionslosigkeit im Laufe der Evolution verschwunden oder zumindest durch Mutation degeneriert wären.

Epithelien sind Deckgewebe auf inneren und äußeren Oberflächen von Tieren und Menschen.

Das **Mesoderm** ist das mittlere Keimblatt im frühen Embryo, aus dem sich u. a. das Skelett und die Muskeln entwickeln.

Induktion ist die Beeinflussung der Entwicklung von embryonalem Gewebe durch andere Zellen oder Substanzen.

Das **Wiederauftreten von Merkmalen**, die bei Vorfahren voll entwickelt waren, aber im Lauf der Evolution reduziert oder ganz abgebaut wurden, bezeichnet man als **Atavismus**.

Mutation ist die plötzliche erbliche Veränderung eines Merkmals. Sie kann auf Veränderung einzelner Gene (Genmutation), Verlust oder Umordnung von Chromosomenabschnitten (Chromosomenmutationen) oder Veränderung der Chromosomenzahl (Genommutation) beruhen.

2.4 Die molekulare Strukturverwandtschaft

Übereinstimmung von Biomolekülen

Strukturvergleiche zur Ermittlung von Verwandtschaftsverhältnissen lassen sich nicht nur auf der Ebene von Organen durchführen, sondern auch an Molekülen. Oftmals erweisen sich im Stoffwechsel gebildete Substanzen als charakteristisch für engere Verwandtschaftsgruppen.

Vögel geben aus ihrer Bürzeldrüse wachsartige Stoffe zur Gefiederpflege ab. Die chemische Analyse dieser Wachse beim südamerikanischen Kondor ergab eine Übereinstimmung dieser Sekrete mit denen von Störchen, nicht aber von Greifvögeln (Abb. 32). Der Kondor gehört demnach in die nähere Verwandtschaft von Störchen, seine Ähnlichkeit mit Geiern der Alten Welt beruht auf Konvergenz. Diese Zuordnung wird auch durch DNA-Vergleich bestätigt.

DNA ist die Abkürzung für Desoxyribonukleinsäure, Träger der Erbinformation
→ **DNA-Vergleich** siehe S. 34 f.

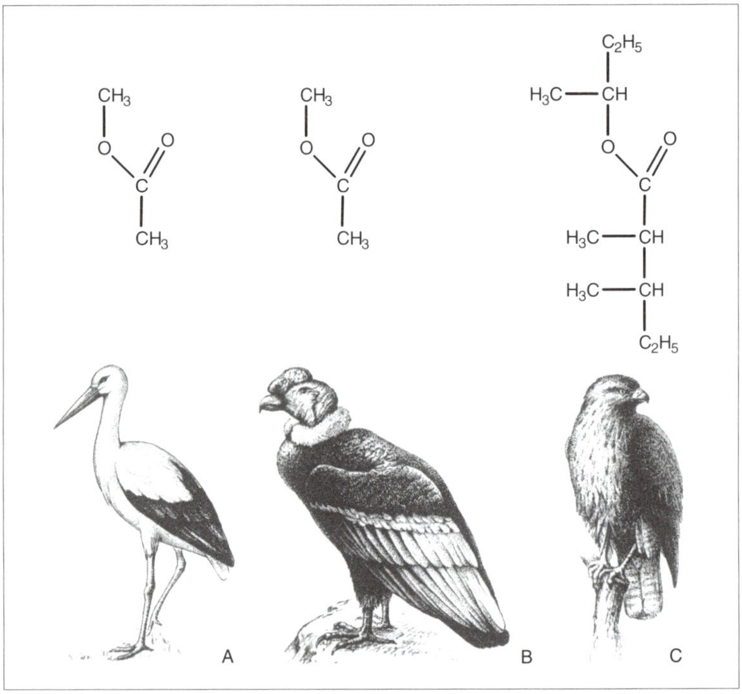

Abb. 32: Molekulare Homologie des Bürzeldrüsensekrets bei Storch (A) und Kondor (B). Die Molekülstruktur der Wachse bei den Greifvögeln (C) ist längerkettig und mit seitenständigen Methyl-Gruppen versehen. Sie spricht damit gegen eine nahe Verwandtschaft zwischen Greifvögeln und Kondor.

Proteinverwandtschaft

Besonders geeignet für die Verwandtschaftsermittlung sind **Proteine**. Sie sind das direkte Produkt von Genaktivität und spiegeln in ihrer Primärstruktur (Aminosäure-Sequenz) die Gencodierung wider. Der Vergleich entsprechender (homologer) Eiweiße lässt damit einen direkten Rückschluss auf Mutationen des zugehörigen Gens zu. Zudem lässt sich bei dieser Methode das Ergebnis quantifizieren: die Anzahl der ausgetauschten, hinzugefügten oder ausgefallenen Aminosäuren kann als Maß des Verwandtschaftsgrades gewertet werden.
Die Methode lässt sich auch auf Arten ausdehnen, die so verschieden sind, dass Organstrukturen nicht mehr vergleichbar sind: Bakterien, Pflanzen, Tiere, Mensch enthalten z. B. alle das Cytochrom c, ein Protein, das eine wichtige Rolle beim Elektronentransport in der Zellatmung spielt. Es findet sich daher in allen aeroben Organismen. Cytochrom c besteht aus 104 Aminosäuren. Während die Sequenzen von Mensch und Schimpanse in allen Positionen übereinstimmen, unterscheiden sich Mensch und Hund in 13, Mensch und Thunfisch in 31 Aminosäuren (Abb. 33).

→ aerob siehe S. 50

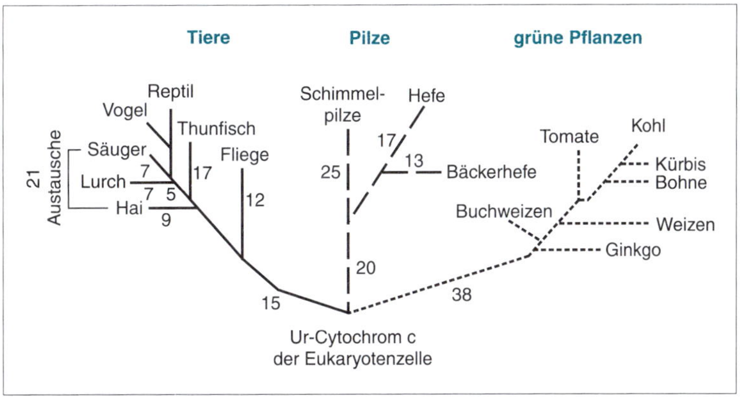

Abb. 33: Aufgrund der Unterschiede im Cytochrom c ermittelte Verwandtschaftsbeziehungen. Die Zahlen geben die Anzahl der ausgetauschten Aminosäuren an.

Eine relativ einfache Methode zur Bestimmung von Protein-Unterschieden macht sich die sehr genaue und spezifische Erkennung von Fremdeiweiß durch das Immunsystem zunutze. Dieser **Präzipitintest** funktioniert folgendermaßen: einem Kaninchen wird das Serum (Blutflüssigkeit ohne Blutzellen und Fibrinogen) einer anderen Tierart in die Blutbahn injiziert. Es entwickelt daraufhin spezifische Antikörper gegen die im Serum enthaltenen Fremdeiweiße. Bei Vermischung des so gewonnenen sensibilisierten Kaninchenserums mit dem Serum anderer Tierarten erfolgt jetzt eine Verklumpung (Präzipitation) der

Fibrinogen ist ein Eiweißstoff im Blut, der bei Verletzungen vernetzen kann und die Blutgerinnung bewirkt.

Eiweiße, gegen die das Kaninchenserum Antikörper enthält (Abb. 34). Je stärker die Präzipitation ist, umso mehr stimmen die Eiweiße der getesteten Tierart mit der Art überein, die die Sensibilisierung bewirkte, umso näher ist also die Verwandtschaft.

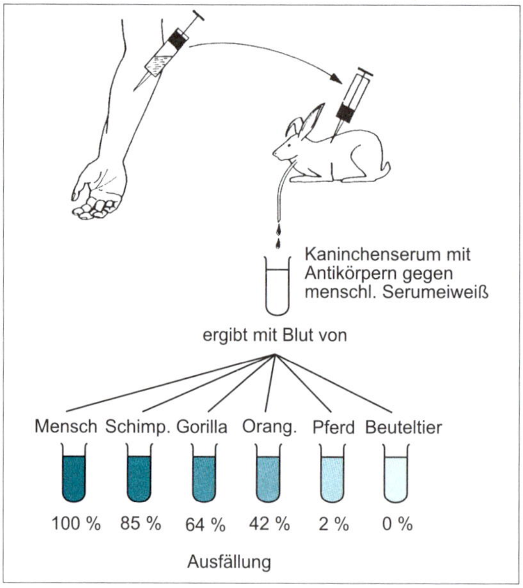

Abb. 34: Serum-Präzipitintest.

Direkter Vergleich des Erbmaterials

Der **Phänotyp** ist die Gesamtheit aller äußerlich erkennbaren Merkmale eines Organismus: sein Erscheinungsbild.

→ Induktion siehe S. 31

Alle bisher angesprochenen Methoden der Verwandtschaftsanalyse beziehen sich auf die Ebene des Phänotyps. Dabei sind Organe gewöhnlich nicht einfach mit einem zugrunde liegenden Gen verbunden, meistens wirken viele Gene und weitere aus dem Bildungsumfeld stammende Faktoren (Induktion, Außenreize) bei der Organbildung zusammen. Das ist ein Grund dafür, warum sich durch Organvergleich die Verwandtschaftsverhältnisse nur unvollkommen ableiten lassen. Auch der Proteinvergleich bezieht sich auf Genprodukte, macht aber Aussagen über die Variation einzelner Gene möglich. Man sollte erwarten, dass der direkte Vergleich des Erbguts, also der DNA, die präziseste Information liefern kann. Schließlich ist es vorwiegend die DNA, die von Generation zu Generation weitergegeben wird und an der primär die Veränderungen (Mutationen) auftreten müssen, die für die Evolution von Bedeutung sind.

Es gibt mehrere Methoden des **DNA-Vergleichs,** von denen zwei kurz dargestellt werden sollen. Bei der Technik der **DNA-Hybridisierung** wird die DNA durch Erhitzen auf etwa 100 °C denaturiert (sogenanntes „Schmelzen" der DNA). Dabei trennen sich die beiden Stränge durch das Zerbrechen der Wasserstoffbrückenbindungen zwischen den komplementären Basen. Wenn man solche isolierten Einzelstränge von zwei verschiedenen Arten (daher „Hybridisierung“) bei 60 °C zusammenbringt, dann lagern sich die Einzelstränge in Abhängigkeit von der Übereinstimmung ihrer Basensequenzen zusammen. Je höher die Zahl gleicher Basensequenzen in den Einzelsträngen der beiden Arten ist, umso schneller werden solche hybridisierten Doppelstränge gebildet und umso hitzebeständiger sind sie. Ihre Schmelztemperatur kann daher als Maß für die Übereinstimmung der beiden DNA-Einzelstränge gelten. Mit dieser Technik der DNA-Hybridisierung hat man eine ganze Reihe von Arten miteinander verglichen. Beispielsweise gibt der Vergleich von Mensch und Menschenaffen folgende Ergebnisse:

DNA-Hybriden	**Mensch × Mensch**	**Mensch × Schimpanse**	**Mensch × Gorilla**	**Mensch × Orang-Utan**	**Mensch × Gibbon**	**Mensch × Meerkatzen**
Schmelztemperatur	88,2 °C	86,4 °C	85,8 °C	84,6 °C	83 °C	80,5 °C

Tab. 3: Ergebnisse der DNA-Hybridisierung zwischen dem Menschen und verschiedenen Affenarten.

Diese Werte zeigen, dass im Artvergleich die Hybrid-DNA von Mensch und Schimpanse am hitzebeständigsten und damit am stabilsten ist, was darauf hindeutet, dass zwischen diesen beiden Arten das Maximum in der Übereinstimmung der Basensequenz vorliegt und damit die Verwandtschaft am nächsten ist.

Die **PCR-Technik** *(polymerase chain reaction)* nutzt eine exponentiell wachsende Kettenreaktion der DNA-Polymerase, um Gene zu untersuchen.

Eine zweite Methode macht sich die **Polymerasekettenreaktion** zunutze. Mit ihr kann man DNA-Teile vervielfältigen und anschließend sequenzieren. Damit lassen sich nunmehr die Basensequenzen eines Gens bei verschiedenen Arten direkt vergleichen. Bei Fotosynthese treibenden Pflanzen kann man z. B. das Gen, das die Bildung der Ribulose-1,5-Bisphosphatcarboxylase („Rubisco“) codiert, vergleichen. Das Enzym steht an zentraler Stelle im Fotosynthesestoffwechsel, es steuert die Aufnahme von CO_2 in den Calvin-Zyklus und ist daher in großer Menge in jeder grünen Pflanze vorhanden. Trotz der gleichbleibenden Funktion des Enzyms haben sich im Gencode Varianten gebildet, die vorwiegend Aminosäuren betreffen, die nicht die Funktionsstruktur des Proteins verändern.

Als **Calvin-Zyklus** werden die in der Dunkelreaktion der Fotosynthese ablaufenden Prozesse der CO_2-Fixierung und Kohlenhydratbildung bezeichnet.

Mitochondrien sind Zellorganelle, die der Zellatmung dienen. Sie enthalten zudem eigene DNA, die mt-DNA.

Häufig wird auch DNA aus Mitochondrien genommen, da sie leicht zu isolieren ist und auch genügend Variation zeigt, um Verwandtschaftsverhältnisse daraus ableiten zu können. Damit wurde z. B. ein Stammbaum der in den ostafrikanischen Seen lebenden Buntbarsche

(Cichliden) erstellt (Abb. 35). Die Buntbarsche haben in den letzten 4 Millionen Jahren eine geradezu explosive Artenbildung durchgemacht. Im Malawisee existieren derzeit 200 Arten, im Tanganyikasee 126. Dieser auf DNA-Vergleich basierende Stammbaum zeigt zugleich, dass z. B. die auf unterschiedliche Nahrung spezialisierten (Maulpartie!) Formen *Petrochromis* und *Lobochilotes* im Tanganyikasee trotz ihres abweichenden Erscheinungsbildes nahe verwandt sind. Andererseits sind die ihnen sehr ähnlichen Formen *Petrotilapia* bzw. *Placidochromis* aus dem Malawisee nicht näher mit ihnen verwandt, die Ähnlichkeit beruht auf konvergenter Anpassung an die gleiche ökologische Nische.

→ Konvergenz siehe S. 21, 38 f.

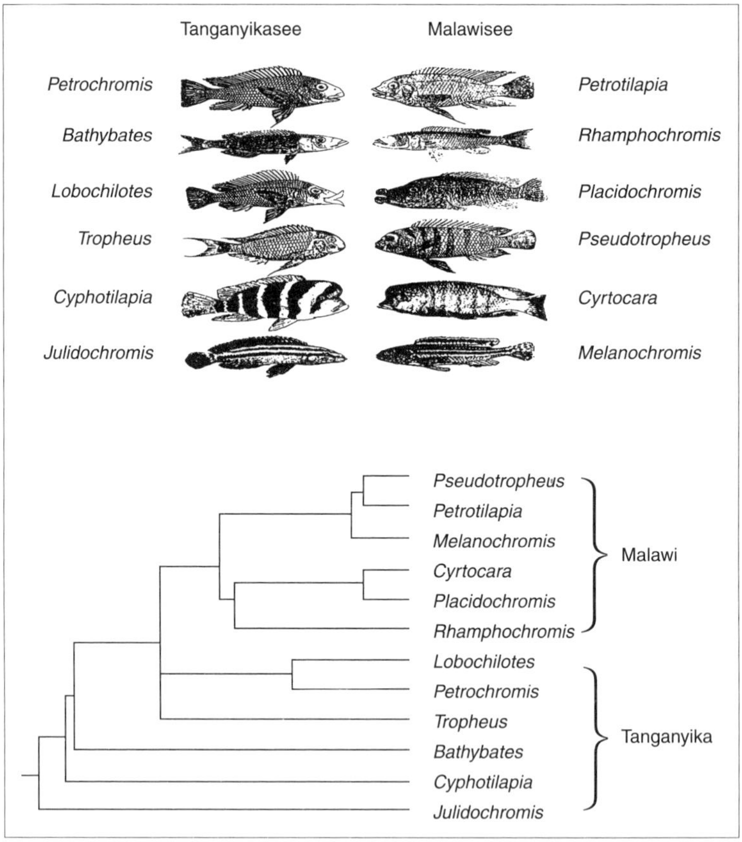

Abb. 35: Ähnliche Lebensformen der Buntbarsche aus dem Tanganyikasee und dem Malawisee. Das Verwandtschaftsdiagramm wurde aufgrund von Analysen der Mitochondrien-DNA erstellt; es zeigt, dass die phänotypischen Ähnlichkeiten nicht auf Verwandtschaft beruhen, sondern konvergent sind.

Die PCR-Methode bietet darüber hinaus die Möglichkeit, auch fossile DNA mit einzubeziehen. Das gilt nicht nur für gut konservierte, relativ junge Fossilien wie den 5 000 Jahre alten Steinzeitmenschen aus dem Ötztal („Ötzi") oder 40 000 Jahre alte Mammutleichen aus dem sibirischen Eis, sondern auch für älteres Fossilmaterial. Allerdings haben sich anfängliche Erfolgsmeldungen einer Sequenzierung von DNA aus Millionen Jahre alten Fossilien wie z. B. *Tyrannosaurus rex* fast immer als verfrüht erwiesen. Ein Problem dabei ist vor allem die Verunreinigung des fossilen Materials mit rezenter DNA sowie die begrenzte Haltbarkeit der DNA-Moleküle, die kaum über 20 000 Jahre hinausgeht.

3 Biogeografie

3.1 Konvergente Entwicklungen in gleichartigen Lebensräumen

Australien ist der Kontinent der Beuteltiere. Obwohl diese Säugetiere im Tertiär noch in Eurasien, Afrika und Amerika weitverbreitet waren, sind sie heute bis auf wenige Arten in Amerika auf Australien und Neuseeland beschränkt. Dieser Rückgang lässt sich mit der Entfaltung der plazentalen Säugetiere und ihrer Konkurrenzüberlegenheit erklären. Nach Australien gelangten nur wenige Plazentalier, z. B. Fledermäuse, sodass sich hier die Beuteltiere frei entfalten konnten. Dabei haben sie in Konvergenz zu den plazentalen Säugetieren viele gleichartige ökologische Nischen mit ähnlichen Lebensformen besetzt.

Die **ökologische Nische** eines Organismus ist die Gesamtheit seiner Ansprüche an die Umwelt.

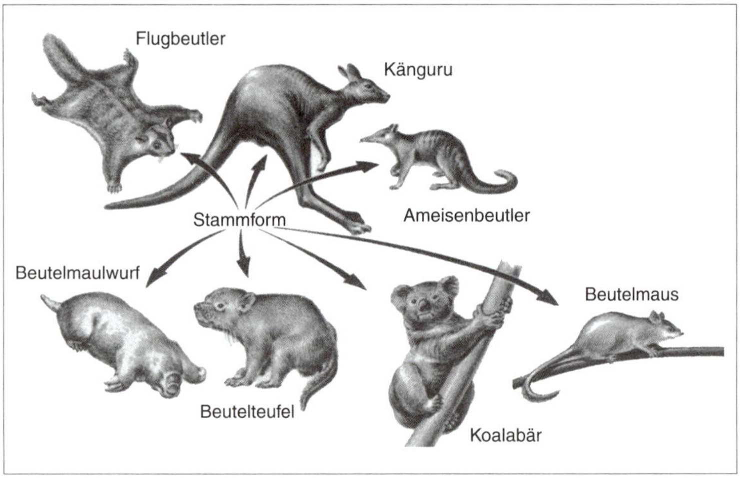

Abb. 36: In Konvergenz zu den plazentalen Säugetieren haben sich bei Beuteltieren gleichartige Lebensformen entwickelt.

Ähnlich haben sich auch nicht verwandte Vogelgruppen wie die Kolibris (Neue Welt) und die Nektarvögel (Alte Welt) an die Erschließung des Blütennektars als Nahrungsquelle konvergent angepasst (Abb. 37). Die Anpassungen umfassen nicht nur die Form und Länge des Schnabels, sondern auch die Ausbildung der Zunge zum Aufnehmen des Nektars. Die Kolibris besitzen lange Zungen, die an der Spitze in zwei dünne, aus Horn gebildete Röhrchen auslaufen, mit denen der Nektar kapillar aufgenommen wird. Die Nektarvögel haben dagegen eine Pinselzunge, mit der sie den Nektar aufnehmen. Diese unterschied-

Alte Welt bezeichnet die bis zur Entdeckung Amerikas bekannten Kontinente Europa, Asien und Afrika. Die **Neue Welt** umfasst Nord-, Mittel- und Südamerika.

lichen Lösungen desselben Funktionsproblems deuten auch auf die Nichtverwandtschaft und damit Konvergenz beider Gruppen. Interessanterweise haben die Nektarvögel nicht die hoch entwickelte Form des Schwirrfluges erreicht, der die Kolibris befähigt, wie ein Hubschrauber in der Luft zu stehen und fliegend die Blüten auszubeuten. Nektarvögel suchen sich nahe der Blüte eine Sitzgelegenheit beim Blütenbesuch.

Abb. 37: Nektar als Nahrungsquelle hat bei Kolibris und Nektarvögeln zu konvergenten Formen geführt.

3.2 Inseln – Modellbeispiele für Evolutionsprozesse

Fauna: Alle Tiere eines bestimmten Gebiets oder einer Zeitepoche.

Flora: Alle Pflanzen eines bestimmten Gebiets oder einer Zeitepoche.

Gründereffekt: Kleine auswandernde Populationen enthalten eine zufällige Auswahl der Gene ihrer Ursprungspopulationen.
→ vgl. Gendrift S.98 f.

Endemisch sind Arten, deren Vorkommen auf ein bestimmtes Gebiet begrenzt ist.

Eine wichtige Rolle für die Entwicklung der Evolutionstheorie spielten die Inselfaunen und -floren. Weitab vom Festland liegende Inselgruppen wie Hawaii oder Galapagos beherbergen Pflanzen- und Tierarten, die zwar mit kontinentalen Arten nahe verwandt sind, sich aber auf den Inseln eigenständig weiterentwickelt haben. Die Darwinfinken auf dem Galapagos-Archipel haben sich zu einer nur hier vorkommenden Gruppe von 13 Arten entwickelt. Ihre nahe Verwandtschaft mit Finken auf dem südamerikanischen Festland weist darauf hin, dass einige dieser Finken zufällig auf die Inseln gelangten und die Gründerpopulation der Darwinfinken bildeten. Eine ehemalige Landbrücke zwischen beiden Gebieten ist auszuschließen, da die Inseln vulkanischen Ursprungs sind und über 1 000 km vom Festland entfernt liegen. In Anpassung an verschiedene Nahrungsnischen haben sich insbesondere die Schnabelformen und die Körpergröße der Darwinfinken auseinanderentwickelt. Solche nur in einem begrenzten Gebiet vorkommenden Arten bezeichnet man als **endemisch**.
Die Darwinfinken zeigen im kleinen Rahmen ein Modellbeispiel einer evolutiven Entstehung der Artenvielfalt. Da dies in Anpassung an Umweltverhältnisse geschieht, wird der Vorgang als **adaptive Radiation** bezeichnet (Abb. 38).

Unter **adaptiver Radiation** versteht man die in relativ kurzer geologischer Zeit ablaufende Entstehung vieler neuer Arten aus einer Stammart, wobei die Arten sich durch Anpassung an verschiedene Umweltgegebenheiten auseinanderentwickelten.

Abb. 38: Adaptive Radiation bei den Darwinfinken auf den Galapagosinseln.

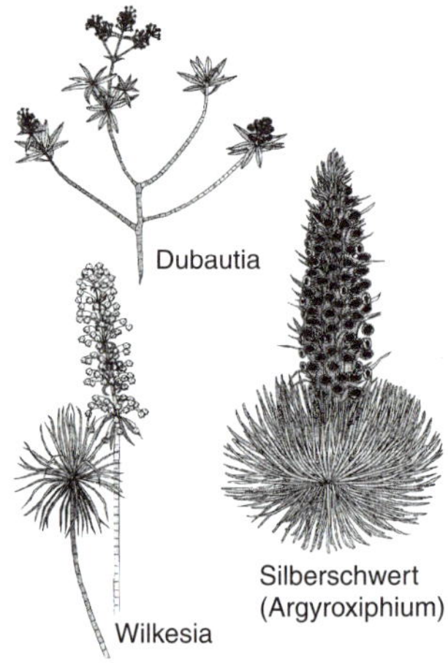

Abb. 39: Differenzierung von nahe verwandten Korbblütlern auf Hawaii.

→ Adaptive Radiation der Reptilien siehe S. 60 f.

Weitere Beispiele solcher adaptiven Radiationen auf Inseln sind die Kleidervögel auf Hawaii (ursprünglich etwa 47 Arten) und die Gattung *Drosophila*, die allein auf Hawaii über 500 endemische Arten hervorgebracht hat. Unter den Pflanzen ist der Silberschwert-Komplex auf den Hawaii-Inseln ein interessantes Beispiel für eine auseinanderlaufende (divergierende) Evolution: die drei Gattungen *Argyroxiphium, Dubautia* und *Wilkesia* bilden ganz unterschiedliche Wuchsformen aus – von bodenständigen Rosetten bis zu 3 m hohen baumartigen Gestalten (Abb. 39). Trotzdem hybridisieren sie noch miteinander, was auf ihre enge Verwandtschaft deutet. Der Silberschwert-Komplex ist eng verwandt mit Korbblütlern des kalifornischen Festlandes, von denen er letztlich abstammt.

3.3 Die Ursachen disjunkter Verbreitung

Tektonik ist die Lehre vom Bau und den Bewegungsformen der Erdkruste.

Die **Kontinentalverschiebung** beruht auf der Tatsache, dass die feste Gesteinsschicht der Erde sehr dünn ist und auf der glühend-flüssigen Magmamasse schwimmt. Wärmeausgleichsströmungen des Magmas führen zu Verschiebungen einzelner Platten der harten Kruste.

disjunkt: lat. *dis* un-; *jungere* verbinden

Ein **Relikt** ist eine durch Umweltänderung auf Reste des ursprünglichen Verbreitungsgebietes zurückgedrängte Art.

Die Verbreitung von Tierarten in Afrika und Südamerika zeigt Besonderheiten, die nur vor dem Hintergrund einer Evolution der Organismen verständlich sind. Die moderne Theorie der Plattentektonik hat die schon von Alfred Wegener (1929) aufgestellte These erhärtet, dass die Kontinente ursprünglich eine Einheit, den Urkontinent Pangaea, bildeten. Dieser Urkontinent teilte sich, die einzelnen Teile drifteten im Laufe des Erdmittelalters und der Erdneuzeit in ihre heutige Lage (**Kontinentalverschiebung**, siehe hintere Umschlaginnenseite).
Diese Tatsache spiegelt sich z. B. noch in dem gemeinsamen Vorkommen alter Tierarten in Südamerika und Afrika: von Lungenfischen, Straußen, Peripatus und Fröschen kommen eng verwandte Arten in beiden Kontinenten vor.
Solch eine getrennte Verbreitung nahe verwandter Organismen bezeichnet man als **disjunkt**. Im Falle dieser stammesgeschichtlich alten Formen liegt die Ursache der Disjunktion in der Unterbrechung ihrer ehemals zusammenhängenden Lebensräume durch die Kontinentaldrift, sie sind Reliktendemiten. Ein Beispiel aus der jüngeren Vergangenheit ist die disjunkte Verbreitung des Schneehasen in Nordeuropa einerseits und in den Alpen andererseits (Abb. 40), die auf die Klimaveränderung nach der Eiszeit zurückzuführen ist.

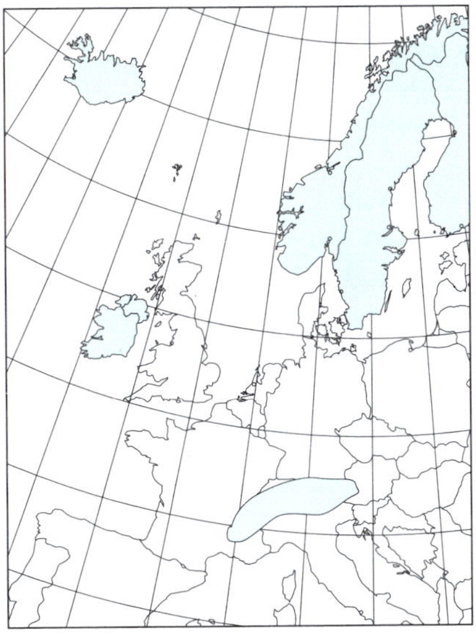

Abb. 40: Heutige disjunkte Verbreitung des Schneehasen in Europa. Aus einem früher zusammenhängenden Verbreitungsgebiet sind nach der Eiszeit getrennte Reliktareale in den Kaltgebieten geworden.

Zusammenfassung

Methoden der Verwandtschaftsforschung

Biogenetische Grundregel

in der Embryonalentwicklung vorübergehend auftretende Strukturen können Wiederholungen von Organen stammesgeschichtlicher Vorfahren sein

Ermittlung von Homologien

in morphologischen und anatomischen Strukturen, Verhaltensweisen, Molekülen

Rudimente und Atavismen

ehemals voll funktionsfähige Organe sind in Resten vorhanden oder erscheinen als Fehlbildung

begründen die Tatsache der **Evolution** und ermöglichen die Rekonstruktion stammesgeschichtlicher Entwicklung

Fossilien

als Zeugen vergangenen Lebens

Biogeografie

nicht verwandte Organismen haben sich in gleichartigen Lebensräumen konvergent entwickelt;
adaptive Radiation auf Inseln

Wege der Stammesentwicklung: Beispiele evolutiver Transformationen

Im Laufe der Stammesgeschichte haben sich aus gemeinsamen Vorfahren oft ganz unterschiedliche Formen entwickelt. Einem Huhn sieht man die Verwandtschaft mit Krokodilen und die Abstammung von Dinosauriern kaum an!

„Auf die eigentliche Revolution warten wir noch – auf die Erkenntnis und die Einsicht, dass alle Linien der Abstammung die Einzelheiten ihrer Geschichte weit mehr dem glücklichen Zufall verdanken als vorhersehbarer Entwicklung."
S. J. Gould, 1993

1 Die Entstehung des Lebens

1.1 Die Anfänge – Die chemische Evolution

→ Radiometrie siehe S. 18 f.

Als **chemische Evolution** bezeichnet man die Prozesse vor der eigentlichen biologischen Evolution, die zur Entstehung organischer Verbindungen und Reaktionszyklen führten. Durch Zusammenlagerung von Molekülen entstanden auch zellähnliche Strukturen mit Membranumhüllung.

Reduktion bedeutet Elektronenaufnahme.

Das Alter der Erde wird mit 4,6 Mrd. Jahren angegeben. Die ältesten radiometrisch datierten Gesteine sind etwa 3,6 Mrd. Jahre alt. Der Entstehung der ersten Lebewesen muss eine viele Millionen Jahre andauernde Phase der **chemischen Evolution** vorausgegangen sein, in der wichtige organische Moleküle auf abiotischem Wege entstanden sind. Diese chemische Evolution fand in der Frühphase der Erdentwicklung in einer **reduzierenden Atmosphäre** ohne freien Sauerstoff statt. Als Entgasungsprodukt der erkaltenden äußeren Erdschichten enthielt diese Primäratmosphäre neben dem mengenmäßig vorherrschenden Wasserdampf vor allem die Gase Methan (CH_4) und Ammoniak (NH_3) sowie CO_2 und H_2S in geringen Mengen. Eine sauerstoffhaltige Atmosphäre, wie wir sie heute kennen, hat sich erst aufgrund der Fotosyntheseaktivität pflanzlicher Organismen langsam herausgebildet. Man schätzt, dass noch im Ordovizium (vor ca. 400 Mio. Jahren) erst ein Zehntel der jetzigen Sauerstoffmenge in der Atmosphäre enthalten war (Abb. 41).

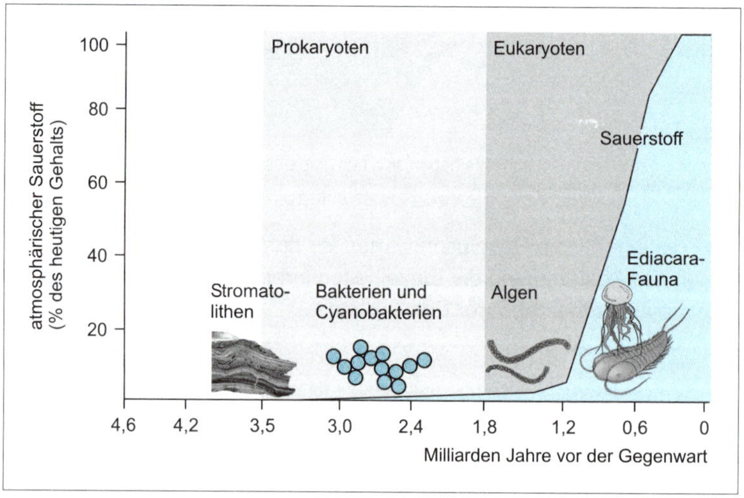

Abb. 41: Frühe Evolutionsphasen und die Veränderung des Sauerstoffgehalts der Atmosphäre.

Die für die chemische Evolution charakteristische Entstehung komplizierter Verbindungen, wie sie für den Aufbau von Organismen nötig sind, konnte nur unter Einwirkung von Energie stattfinden. In erster Linie kommt dafür die Sonnenstrahlung mit starkem UV-Anteil infrage, aber auch elektrische Entladungen in Gewittern und vulkanische Erhitzung spielten eine Rolle als Energielieferanten. Mit diesen Bedingungen hat man seit den bahnbrechenden Versuchen von Miller viele **Simulationsversuche** durchgeführt. Dabei erhielt man eine Fülle von organischen Verbindungen aus einem der Uratmosphäre gleichenden Gasgemisch. Aus CH_4, NH_3 und H_2O entstehen durch die Energieeinwirkung wahrscheinlich zuerst Ionen und Radikale, die sich dann in Folgereaktionen zu größeren organischen Molekülen verbinden. Im Gas bzw. im Wasser des Versuchsgefäßes hat man bei solchen Simulationsversuchen insgesamt 14 der 20 Eiweiß bildenden (proteinogenen) Aminosäuren nachgewiesen, außerdem Milchsäure, Essigsäure, Harnstoff, Formaldehyd und vor allem fast sämtliche in den Nukleinsäuren vorhandenen Basen, z. B. Adenin.

Simulation ist die Nachahmung von komplexen Prozessen in Modellversuchen.

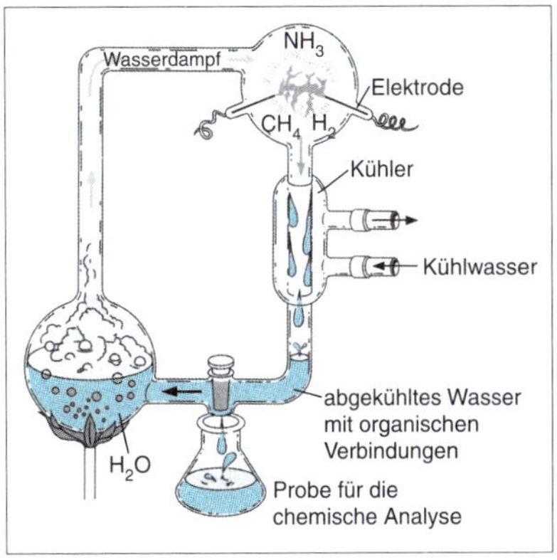

Abb. 42: Der Simulationsversuch von Miller zur Entstehung von organischen Verbindungen in der Uratmosphäre.

Aus den Simulationsexperimenten lassen sich die Vorgänge in der chemischen Evolution erschließen, die zur Bildung einfachster Lebewesen geführt haben können. Neben der Entstehung organischer Moleküle, die die grundlegenden Eigenschaften des Lebendigen ermöglichen, indem sie als Informationsträger (Nukleinsäuren) der identischen Reproduktion dienen und als Katalysatoren (Proteine) den Stoffwechsel im Fließgleichgewicht bewirken, ist aber zur Bildung einfacher Zellen eine räumliche, strukturelle Organisation erforderlich, die über dem Niveau einzelner Stoffe liegt. Solch eine Struktur ist nach gegenwärtigen Vorstellungen durch eine Selbstaggregation und Selbstorganisation von Makromolekülen erreichbar.

Auch die Funktion von Membranen ist damit angesprochen, die eine Kompartimentierung in Funktionsräume und eine Abgrenzung von der Umwelt ermöglichen, zugleich aber auch durchlässig sind für den Stoff- und Energieaustausch mit der Umwelt.

Self-Assembly: Durch die Moleküleigenschaften bewirkte spontane Zusammenlagerung von Biomolekülen zu höheren Struktureinheiten: Lipiddoppelschichten der Membranen, Nukleoproteinkomplexe, Viren.

1.2 Exkurs: Self-Assembly und Hyperzyklus – Selbstorganisation und Reproduktion von biologischen Makromolekülen

Einzelne organische Moleküle in einer „Ursuppe" ergeben noch kein biologisches System, aus dem sich eine komplexe Struktur wie die Zelle hätte entwickeln können. Die ersten möglichen Schritte in diese Richtung lassen sich aber in Simulationsexperimenten und theoretischen Modellen nachvollziehen.

Beim Auftropfen von Aminosäurelösungen auf heißen Sand, Ton oder Stein bilden sich Polypeptide, also eiweißartige Moleküle (Proteinoide). Dabei beobachtet man insbesondere bei Tonmineralien eine verstärkende Wirkung durch ihre erhöhte Bindungsfähigkeit, durch die sie auch katalytisch wirkende Metalle anlagern können. Solche Proteinoide lagern sich spontan zusammen (*Self-Assembly*) und bilden kleine Hohlkugeln oder **Mikrosphären** (Abb. 43). Sogar osmotische Wirkung lässt sich an deren Membran beobachten.

Osmose ist die Diffusion von Wasser durch eine semipermeable Membran.

Andere Versuche ergaben, dass beim Schütteln einer Lösung von Polypeptiden, Nukleinsäuren und Kohlenhydraten ebenfalls Kügelchen entstehen, in denen Enzymreaktionen ablaufen und die im Stoffaustausch mit ihrer Umgebung stehen, sogenannte **Koazervate**. Diese Modellversuche zeigen, dass einfache Organisationsmuster von lebendigen Strukturen schon durch selbstständiges Zusammenfügen organischer Moleküle entstehen können. Beobachtungen an Viren stützen diese Vorstellungen: auch virale Nukleinsäuremoleküle und Kapselproteine fügen sich spontan im *Self-Assembly* zu kompletten Viren zusammen.

Koazervate sind kleine Kugeln oder Kugelaggregate aus Stoffgemischen von Nukleinsäuren, Enzymen und Kohlenhydraten.

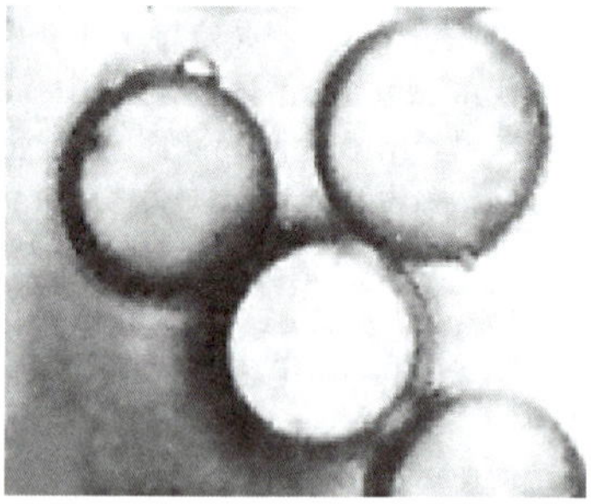

Abb. 43: Mikrosphären.

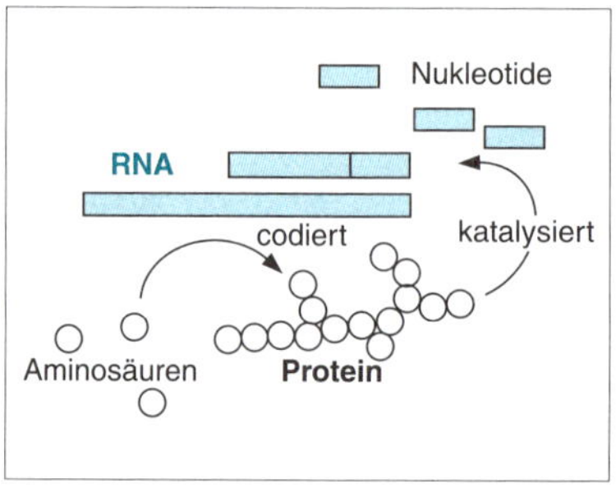

Abb. 44: RNA-Protein-System.

Für die Entstehung eines weiteren wesentlichen Kennzeichens des Lebendigen gibt es Modellvorstellungen: die Fähigkeit zur Selbstvermehrung (identische Reduplikation). Ein Modell geht von der Beobachtung aus, dass einfache RNA-Stränge als Katalysatoren wirken können.

Ribozyme sind katalytisch wirkende Nukleinsäuren (RNA); sie spielen z. B. eine Rolle beim Spleißen der RNA.

Eine **Autokatalyse** liegt vor, wenn Teilchen ihre eigene Bildung beschleunigen.

Solche **Ribozyme** kommen in Zellen regelmäßig vor, sie spielen z. B. eine Rolle beim Spleißen der mRNA in der Proteinbiosynthese. Es ist vorstellbar, dass während der chemischen Evolution solche RNA-Moleküle mit autokatalytischer Funktion existierten: Moleküle, die ihre eigene Bildung katalysieren. Eine weiterführende Modellvorstellung bezieht die Proteine mit ein (Abb. 44) und sieht den Anfang biologischer Evolution in der Kooperation zwischen Nukleinsäuren und Proteinen. Im einfachsten Fall codiert ein RNA-Strang eine Aminosäuresequenz, das so entstehende Polypeptid ist wiederum Katalysator für die identische Verdoppelung des RNA-Moleküls. Bei zufälliger Entstehung eines solchen Zusammenwirkens wäre das System durch die Eigendynamik sofort im Selektionsvorteil: Nukleotide und Aminosäuren würden gezielt verwendet zur Vermehrung des Systems. Mit solch einem System in einem membranumschlossenen Koazervat-Bläschen liegt ein einfaches Modell des Ursprungs zellulärer Organisation mit der Fähigkeit zur Selbstvermehrung vor. Der Zusammenschluss mehrerer solcher Systeme mit molekularer Kooperation zwischen Nukleinsäuren und Proteinen wurde von M. Eigen zum sogenannten **Hyperzyklus-Modell** weiterentwickelt.

Ein **Hyperzyklus** ist ein theoretisches Modell der Entstehung biologischer Systeme aus Reaktionsfolgen zwischen Nukleinsäuren und Proteinen.

1.3 Die ersten Schritte der biologischen Evolution

Die Entstehung des Lebens hat sich nach neuen Erkenntnissen wahrscheinlich an unterirdischen Vulkanen vollzogen. Die ersten Lebewesen waren vermutlich chemoautotrophe Archaebakterien, die auch heute noch in der Umgebung von heißen Quellen am Meeresgrund (sog. „Schwarze Raucher“) oft zentimeterdicke Schichten bilden.

Das **Präkambrium** ist der gesamte vor dem Kambrium liegende Zeitraum.

Die wichtigsten Schritte der im Präkambrium beginnenden frühesten biologischen Evolution lassen sich aufgrund erfolgreicher paläontologischer Forschung der jüngsten Zeit jetzt auch fossil in etwa rekonstruieren. Die ältesten Fossilien sind die **Stromatolithen** mit einem Alter von bis zu 3,5 Mrd. Jahren. Stromatolithen sind Kalkablagerungen von Bakteriengemeinschaften, hauptsächlich von Cyanobakterien („Blaualgen“). Die ersten wirklich sicheren Reste von Organismen finden sich in der 3,1 Mrd. Jahre alten Fig Tree Formation des Swazilandes. Diese kugeligen Mikrostrukturen von 5–50 µm Durchmesser enthielten in ihrem Inneren organische Substanz und werden als Fossilien von Blaualgen gedeutet. Einige der Blaualgenfossilien zeigen weitgehende Gemeinsamkeiten mit rezenten Blaualgen. Damit ist für diese Zeit die auf Fotosynthese beruhende Autotrophie sicher nachgewiesen.

Der Schritt von der **Prozyte zur Euzyte** ist vor etwa 1,8 Mrd. Jahren vollzogen worden. Sehr gute diesbezügliche Fossildokumentation konnte man in der Mikroflora der Bitter Spring Formation in Australien (Alter 0,8–0,9 Mrd. Jahre) finden. Hier sind einzellige Algen mit erhaltenem Zellkern und sogar mit Mitose- und Meiosestrukturen entdeckt worden, wie sie für die Euzyte charakteristisch sind. Während diese ersten Schritte der biologischen Evolution bis zur Euzyte einen Zeitraum von über 2 Mrd. Jahren erforderten, sind mehrzellige Tiere mit den Hohltieren und den Ringelwürmern erst vor 500–600 Mio. Jahren aufgetreten, wie die Funde der ediacarischen Faunen in Australien belegen. Die Evolution der Höheren Pflanzen und Tiere erforderte demnach einen weit geringeren Zeitraum als die Evolution bis zur Euzyte.

Autotrophie ist die Gewinnung organischer Nährstoffe aus anorganischem Material mithilfe der Sonnenenergie (Fotosynthese) oder der Energie aus der Oxidation anorganischer Stoffe.

Eine **Prozyte** ist eine prokaryotisch organisierte Zelle, also ohne echten Zellkern.

Eine **Euzyte** ist eine eukaryotisch organisierte Zelle mit membranumhülltem Kern und ebensolchen Organellen.

Die **ediacarische Fauna** ist die fossile Tierwelt aus dem späten Präkambrium vor 580–550 Mio. Jahren. Der Name stammt von einem Fundort in den Ediacara Hills in Südaustralien.

2 Von der Prozyte zur Euzyte – Die Endosymbionten-Hypothese

→ Gliederung der Organismen siehe S. 9 f.

Prokaryoten sind Organismen, deren Zellen keinen Kern enthalten, sondern freie DNA; hierzu gehören Bakterien, Cyanobakterien („Blaualgen"), Archaebakterien.

Nachdem lange Zeit die Gliederung der Organismen in Tiere und Pflanzen Grundlage der biologischen Systeme war, muss man heute von einer ganz anderen Gliederung ausgehen, die den realen Verwandtschaftsverhältnissen mehr gerecht wird. Dabei zeigt sich zunächst, dass „Tiere" und „Pflanzen" viel näher miteinander verwandt sind, als die prokaryot organisierten Bakterien und Blaualgen mit den Eukaryoten insgesamt. Tabelle 4 gibt einen Überblick über die Zellorganisation von Pro- und Eukaryoten. Der Vergleich von Aminosäure-Sequenzen der Proteine ergab zweieinhalbmal mehr Differenzen zwischen diesen beiden Stufen – Prokaryoten und Eukaryoten – als zwischen den Reichen der Eukaryoten selbst.

→ ER siehe S. 51

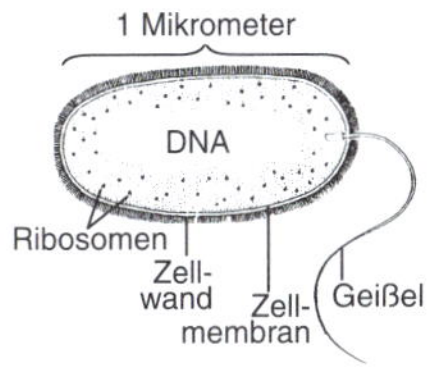

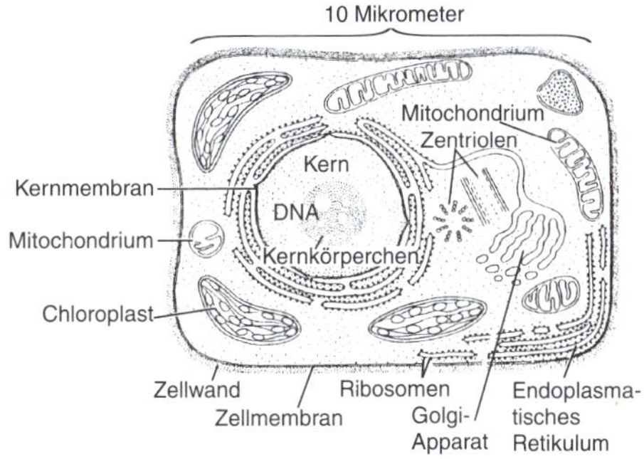

Prokaryoten: Zellorganisation Prozyte	Eukaryoten: Zellorganisation Euzyte
zumeist kleine Zellen: 0,2–10 µm	zumeist größere Zellen: 10–100 µm
Erbanlagen in einem einzelnen DNA-Strang ohne Membranumhüllung	Erbanlagen in 2–600 Chromosomen gelagert, die aus DNA und Proteinen bestehen. Chromosomen befinden sich in einem Kern mit doppelter Membran.
enthält keine Zellorganellen	gewöhnlich mit Mitochondrien, fotosynthetische Zellen mit Chloroplasten
viele Stoffwechselformen (neben Atmung und Fotosynthese auch chemoheterotrophe Formen: Gärung, sulfatabbauende Bakterien, Methanbildner)	vorwiegend oxidativer Stoffwechsel; Fotosynthese
einfache Membranen im Zellinnern	ER, Golgi-Apparat
einfache Geißeln	komplexe Geißeln

Tab. 4: Vergleich von Prozyte und Euzyte.

Ein bedeutendes Problem der Evolution ist daher die Frage, wie aus der ursprünglichen prokaryoten Organisation der ersten Organismen die Euzyte entstehen konnte, die den Grundbaustein aller höher entwickelten Organismen darstellt. Eine mögliche Antwort hierauf gibt die **Endosymbionten-Hypothese**.

Nach der **Endosymbionten-Hypothese** sind die Mitochondrien, die Geißeln und bei Pflanzen zusätzlich die Chloroplasten durch die Aufnahme von kleineren Prokaryoten in eine prokaryotische Zelle als symbiontische „Dauergäste“ entstanden.

Phagozytose ist die Aufnahme von festen Teilchen in eine Zelle durch Membraneinstülpung (Endozytose).

Aerob sind Organismen, die Sauerstoff benötigen.

→ vgl. Stammbaum S. 11

Man kann sich den Vorgang so vorstellen, wie wir ihn bei der Phagozytose heutiger Amöben beobachten können: die kleineren Zellen werden von einer amöboid beweglichen Prozyte umflossen und auf diese Weise der Zelle einverleibt. Die aufgenommenen Zellen bleiben funktionsfähig, ihre Funktion wird in das Stoffwechselsystem des ganzen Komplexes integriert. Es kommen drei Gruppen von Symbionten infrage: aerobe Bakterien, die in der Wirtszelle zu Mitochondrien evolvierten, Blaualgen, die die Funktion der Chloroplasten übernahmen, und möglicherweise fadenförmige Bakterien, die sich schließlich zu Geißeln entwickelten. Nach dieser Hypothese wäre die Euzyte durch eine Vereinigung funktionell verschiedener ganzer Zellen entstanden (Abb. 45).

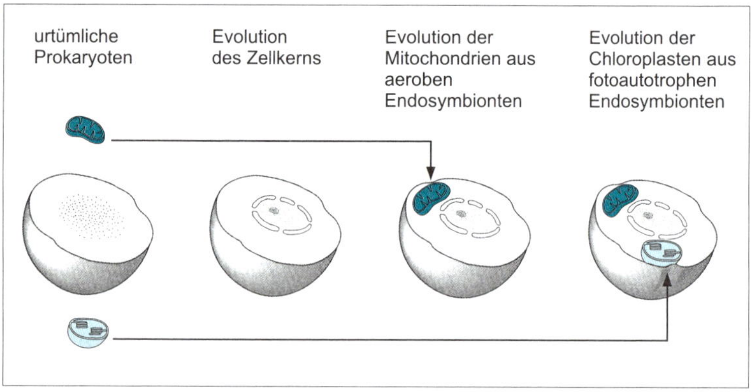

Abb. 45: Die Schritte in der Bildung der eukaryotischen Zelle gemäß der Endosymbionten-Hypothese.

Die wichtigsten Argumente für die Endosymbionten-Hypothese sind folgende:

- Die drei Organellen – Mitochondrien, Chloroplasten, Geißeln – entstehen bei Zellteilungen immer nur aus ihresgleichen und können bei Verlust nicht aus anderen Zellteilen neu gebildet werden.
- Sie besitzen zudem eine Doppelmembran als Hülle, wobei z. B. das Cholesterin, das in Membranen der Euzyte vorkommt, nur in der Außenmembran der Mitochondrien zu finden ist, die innere Membran ist, wie die von Bakterien, frei von Cholesterin. Diese Tatsache deutet auf den Phagozytose-Vorgang hin, bei dem die aufgenommene Prozyte von einem Teil der Wirtsmembran eingeschlossen wird.
- Besonders auffallend ist die Tatsache, dass Chloroplasten und auch Mitochondrien eigene, spezifische DNA enthalten, durch die in den Organellen eine eigene Proteinsynthese gesteuert wird. Diese DNA ist ringförmig wie die Plasmide von Prokaryoten.
- Es gibt heute noch mögliche frei lebende Verwandte der drei Organelltypen, die teilweise sogar Symbiosen mit anderen Organismen eingehen können.

Probleme der Endosymbionten-Hypothese: So klar diese Fakten einerseits sind, die die Endosymbionten-Hypothese stützen, so rätselhaft bleiben aber auch mit diesem Erklärungsansatz eine Reihe von Eigenschaften der Euzyte. Insbesondere sind in der Organellen-DNA keineswegs die Gene für alle ihre Proteine enthalten. So ist z. B. das Gen für das Cytochrom c im Kern enthalten. Auch der Zellkern selbst birgt noch viele Fragen. Während die ebenfalls doppelte Kernmembran als Fortsetzung des ER anzusehen ist und damit eine zelleigene Bildung darstellt, ist die evolutive Entstehung der Chromosomen mit ihrem komplizierten Bau aus DNA und Proteinen noch immer unklar.

Das **ER** oder **Endoplasmatische Retikulum** ist ein Membrannetz im Plasma von Euzyten.

3 Die Evolution der Blütenpflanzen

Angiospermen sind alle Blütenpflanzen, deren Samen in einer Frucht eingeschlossen liegen. Zu den Angiospermen gehören die zwei Klassen Einkeimblättrige (Lilien, Gräser) und Zweikeimblättrige.

Die **Bedecktsamer (Angiospermen)** sind Blütenpflanzen mit dem besonderen Merkmal, dass ihre Samen(anlagen) vollständig von einem Fruchtknoten umschlossen sind. Bei Fruchtreife entstehen daraus solche Früchte wie die Kirsche oder die Erbsenhülse. Solche hülsenartigen Früchte können eine Modellvorstellung der Evolution des Fruchtknotens verständlich machen (Abb. 46): Er kann sich aus einem Blatt entwickelt haben, das primär randständige Samenanlagen trug. Durch zunehmende Einrollung und Verwachsung entstand nach dieser Hypothese ein schlauchartiges Blattorgan, in dem die Samenanlagen entlang dieser Verwachsungszone sitzen und eingeschlossen sind. Der Spermakern kann nur noch durch das obere Ende des Schlauchs eindringen. Hier entwickelte sich die Narbe, durch die bei den Angiospermen ein Pollenschlauch aus dem Pollen zur Samenanlage wächst und den Spermakern dorthin befördert (Abb. 47).

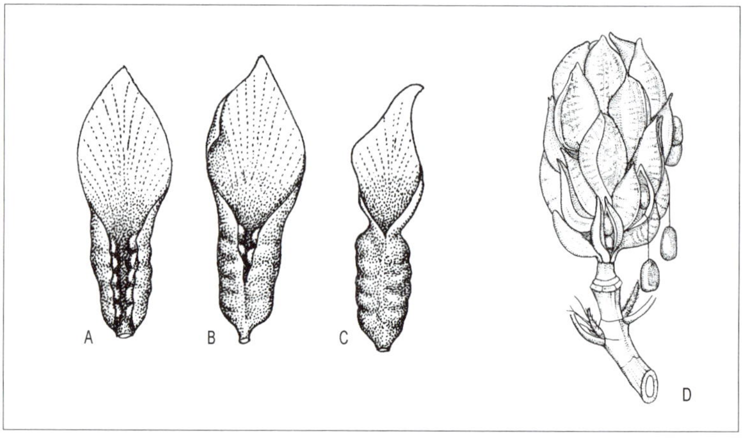

Abb. 46: Hypothese zur Entstehung des geschlossenen Fruchtblattes bei den Angiospermen. (A) Fruchtblatt von *Archaeocycas*, einem ausgestorbenen Nacktsamer; (B, C) hypothetische Stadien im Übergang zum geschlossenen Fruchtblatt, (D) Fruchtstand einer Magnolie. Die Fruchtblätter sind anfangs geschlossen und platzen erst bei Samenreife entlang einer „Naht“ auf.

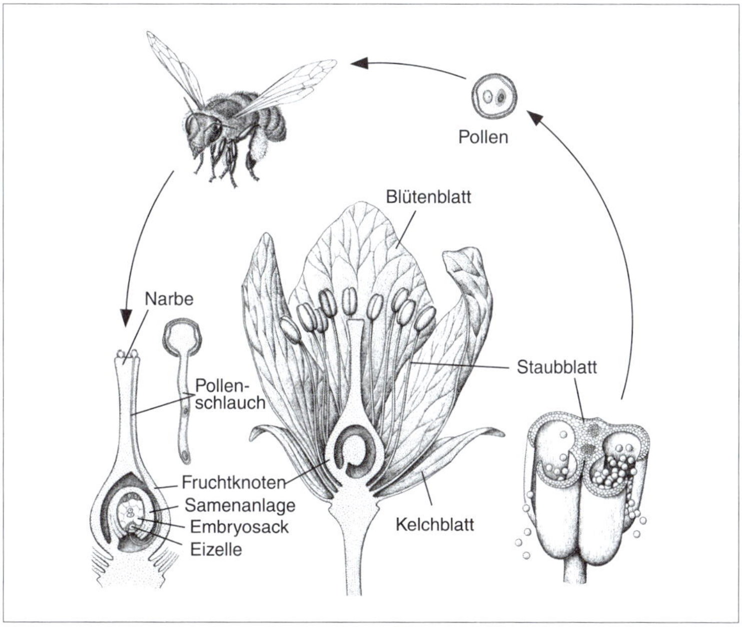

Abb. 47: Bestäubung und Befruchtung bei einer angiospermen Blüte.

Gymnospermen sind Blütenpflanzen, deren Samen offen auf einem Fruchtblatt liegen. Zu ihnen gehören z. B. Nadelbäume und der Ginkgo.

→ Mikrofossilien siehe S. 16

Durch die geschützte Lage der Samen unterscheiden sich die Angiospermen von den ebenfalls Blüten bildenden älteren Nacktsamern (Gymnospermen), zu denen die Nadelbäume und der Ginkgo zählen. Vermutlich hat ihnen dieser Schutz vor Austrocknung, Pilzinfektionen und Insektenfraß einen erheblichen **Selektionsvorteil** gebracht, der zu ihrer raschen Ausbreitung beitrug. Heute sind bedecktsamige Blütenpflanzen mit etwa 250 000 Arten die bei Weitem größte Pflanzengruppe auf der Erde.

Die ersten Angiospermen traten im Lauf der Unterkreide vor 130–120 Mio. Jahren erstmals fossil auf. Dabei bilden Pollenkörner die ältesten erhaltenen Fossilien, sie lassen sich eindeutig an ihrer Außenhülle von Gymnospermenpollen unterscheiden. Im Lauf der Kreide haben sich die Angiospermen rasch ausgebreitet und diversifiziert, sodass in der Oberkreide bereits 70–90 % Bedecktsamer im fossilen Artenspektrum enthalten waren.

3.1 Insekten als Bestäuber

Bestäubung ist die Übertragung des (männlichen) Pollens auf die Narbe des Fruchtknotens einer anderen Blüte. Die wichtigsten Überträger sind der Wind und die Insekten; in den Tropen sind auch Vögel und Fledermäuse häufige Bestäuber.

Ein weiteres Charakteristikum der Angiospermen ist die vorherrschende **Bestäubung** durch Insekten (Abb. 47). Bienen und Schmetterlinge waren bereits im frühen Tertiär wichtige Bestäuber der Blütenpflanzen. Bienen waren mindestens schon in der Oberkreide vorhanden. Ein erst 1988 gefundenes Fossil einer in Bernstein eingeschlossenen Biene weist sogar auf ein Alter von 85 Mio. Jahren hin. Diese Biene besaß bereits die typischen Organe zum Pollensammeln an den Beinen sowie einen langen Rüssel zum Nektarsaugen. Sie wird zudem einer auch heute noch existierenden Gattung (*Trigona*) zugeordnet.

Koevolution ist die wechselseitige Beeinflussung der Evolution zweier miteinander in Beziehung stehender Arten.
→ siehe S. 114 f.

Die frühesten Angiospermen waren wahrscheinlich insektenblütig, wobei hier vor allem Käfer und Fliegen als Blütenbesucher infrage kommen. In **Koevolution** mit ihren Bestäubern haben die Blütenpflanzen viele auffallende Eigenschaften entwickelt: die farbigen Blütenblätter und den Duft als anlockende Reize, den Nektar als Belohnung für den Blütenbesucher. Im Gegensatz zur Ausnutzung des Windes als Pollenüberträger ist die Übertragung durch Tiere sehr viel gezielter und kommt mit weniger Pollenmaterial aus.

3.2 Weitere Evolutionsschritte der Angiospermen

Fossile Funde sowie vergleichende Untersuchungen an rezenten Blütenpflanzen ergeben, dass die ursprünglichen Blüten eine spiralige Anordnung der Blütenblätter, Staub- und Fruchtblätter besaßen, wobei auch die Anzahl dieser Organe variierte. Solche Blüten besitzen unter den heute lebenden Angiospermen die Magnolien und die ihnen verwandten Gruppen. Die Magnolienblüte ist daher auch als Modell früher, ursprünglicher Angiospermenblüten anzusehen. Die weitere Evolution führte zu folgenden Ausgestaltungen (Abb. 48):

- Übergang von der spiraligen Organstellung zu wirteliger Anordnung: Blütenblätter, Staubblätter stehen in Kreisen
- Fixierung der Organzahl: Bei den meisten Zweikeimblättrigen herrscht die Fünfzahl der Blüten- und Staubblätter vor, bei den Einkeimblättrigen die Dreizahl.
- Differenzierung der Blütenhülle in Kelch- und Kronblätter
- Verwachsung der Organe eines Wirtels, insbesondere der Kronblätter und der Fruchtblätter
- Übergang von radiärer Symmetrie zur zweiseitig-symmetrischen (zygomorphen) Gestalt, z. B. Schmetterlingsblüte

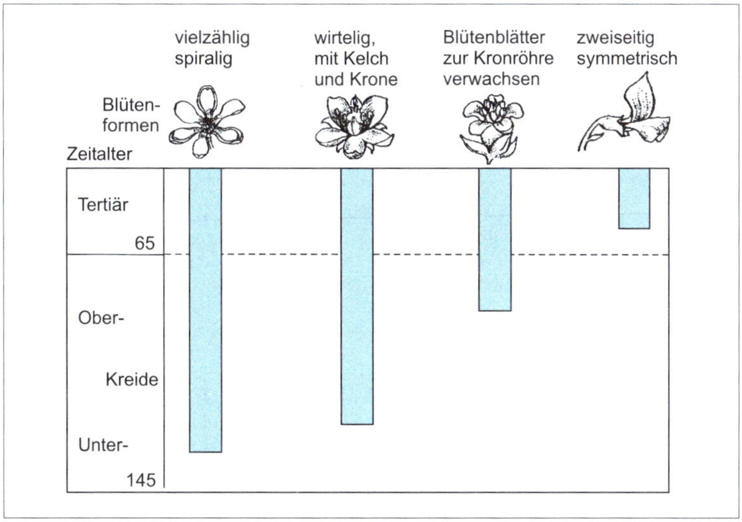

Abb. 48: Wichtige Schritte in der Evolution der Angiospermenblüte.

Als **Neotenie** bezeichnet man das Beibehalten jugendlicher Merkmale im geschlechtsreifen erwachsenen Organismus. Bekanntes Beispiel ist der *Axolotl*, ein Molch, der im Larvenstadium geschlechtsreif wird.
→ weitere Beispiele siehe S. 57, 121, 132

Viele Angiospermenmerkmale können als **Neotenie** gedeutet werden, d. h. es werden Jugendmerkmale bis zur Geschlechtsreife beibehalten. Insbesondere im Blütenbereich scheint dies zuzutreffen: die auf wenige Zellen reduzierten weiblichen und männlichen Gametophyten, der geschlossene Zustand der Fruchtblätter, der an die eingerollte Jugendform erinnert. Auch die krautige Wuchsform kann so gedeutet werden, dass die Verholzung und Jahresringbildung ausbleibt, die Pflanze bleibt in einem Zustand wie der neue Austrieb von einem Baumzweig im ersten Jahr und wird in diesem „jugendlichen“ Zustand geschlechtsreif. Die Evolution dieser Merkmale wäre so damit erklärbar, dass Genaktivitäten weggefallen sind und das zeitliche Entwicklungsmuster sich verändert hat.

3.3 Exkurs: Die Evolution der Fortpflanzung im Pflanzenreich

Alge, Moos, Farn und Bedecktsamer repräsentieren eine Reihe von zunehmend jüngeren Abstammungslinien. Sie alle haben die Fortpflanzungsweise mit Generationswechsel beibehalten. Das bedeutet, dass immer eine geschlechtliche Generation, der Gametophyt, mit einer sich ungeschlechtlich vermehrenden Generation, dem Sporophyten, abwechselt. Die Entwicklung zeigt aber, dass bei den stammesgeschichtlich ältesten Formen, den Algen, der Gametophyt von größerem Wuchs war als der Sporophyt, während bei den jüngeren Formen, insbesondere bei den Nacktsamern und den Bedecktsamern, der Sporophyt die Hauptgeneration darstellt. Hier sind die Gametophyten sogar auf wenige Zellen reduziert, wobei der weibliche Gametophyt als Embryosack auf der Mutterpflanze verbleibt, während der männliche Gametophyt als Pollenkorn durch Wind oder Tiere auf andere Blüten übertragen wird.

Haploid sind Zellen mit einfachem Chromosomensatz; **diploid** solche mit doppeltem Chromosomensatz.

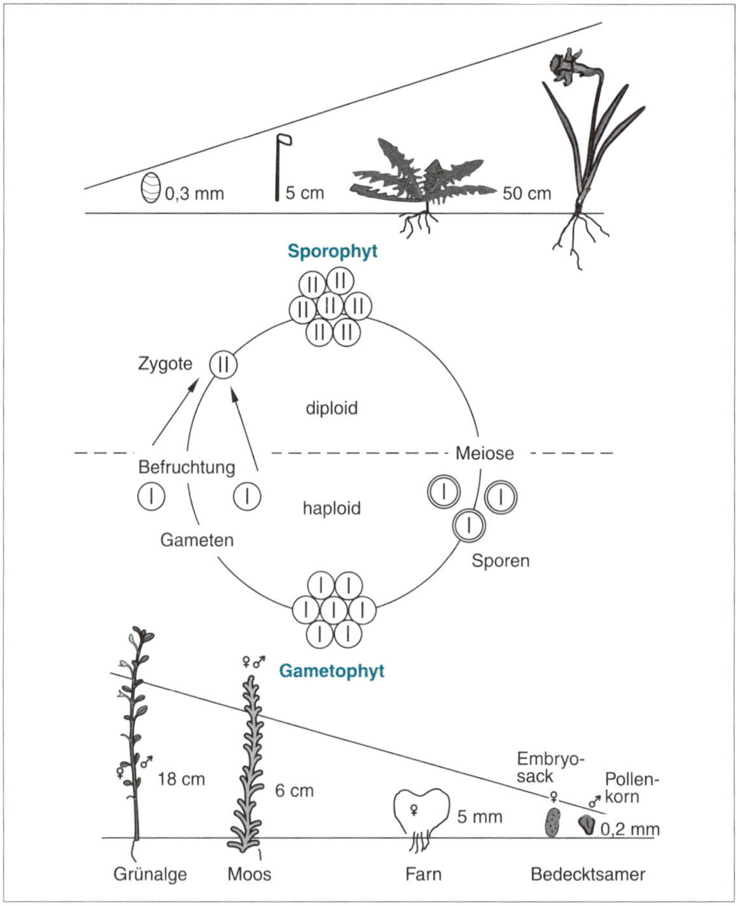

Abb. 49: Der Generationswechsel bei Pflanzen und die evolutive Verschiebung der Größe zugunsten der Sporophytengeneration.

4 Beispiele aus der Evolution der Wirbeltiere

Die **Chorda** ist ein knorpeliger Stab, der unter dem am Rücken entlangziehenden Neuralrohr (Rückenmark) liegt und als Stütze dient. Bei höher entwickelten Wirbeltieren bildet sich aus der Chorda während der Embryonalentwicklung die Wirbelsäule. → Chordatiere siehe S. 28

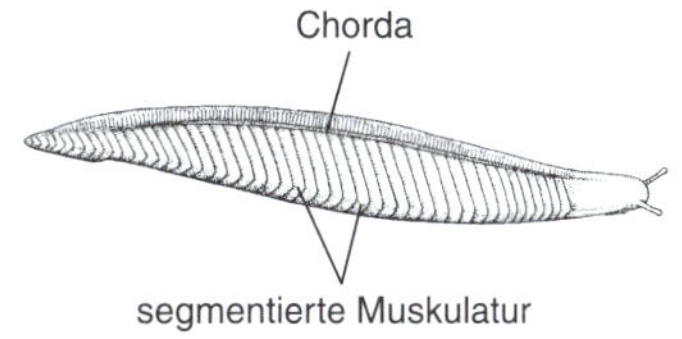

Abb. 50: *Pikaia.*

Der Stamm der Wirbeltiere leitet sich von einfach organisierten Tieren ab, die als typische Eigenschaft eine **Chorda dorsalis** besaßen. Weitere charakteristische Merkmale der Wirbeltiere sind die segmentierte Körpermuskulatur und ein geschlossenes Kreislaufsystem. Das älteste bekannte Chordatier wurde im Burgess-Schiefer (Kambrium) gefunden (*Pikaia*, Abb. 50), mit einem Alter von über 500 Mio. Jahren. Auch heute existieren noch Tiere, die den einfachen, primären Bau besitzen, z. B. das Lanzettfischchen (vgl. S. 28). Daneben findet sich eine solche Organisation bei den am Meeresgrund festsitzenden Manteltieren, die zwar im erwachsenen Zustand weder ein Neuralrohr noch eine Chorda besitzen, beides aber als frei schwimmende Larven aufweisen. Eine stammesgeschichtliche Hypothese geht daher von der Vorstellung aus, dass die Wirbeltiere sich aus solchen Larvenstadien von Manteltieren entwickelt haben können (Neotenie).

→ Neotenie siehe S. 55

4.1 Die Eroberung des Festlands durch die Wirbeltiere

Die anfängliche Evolution der Wirbeltiere hat im Wasser stattgefunden. Der Übergang zum Leben an Land erforderte eine ganze Reihe von Anpassungen, wie den Schutz vor Austrocknung, Atemorgane, die den Sauerstoff aus der Luft aufnehmen können, ein tragendes Skelett, sowie die Entwicklung von Beinen zur Fortbewegung. Die **Quastenflosser** (Crossopterygier) bildeten die Fischgruppe, die im Devon vor etwa 350 Mio. Jahren diesen Übergang zum Leben an Land vollzogen hat. Ähnlich wie die heute noch lebenden Lungenfische lebten sie vermutlich in Süßgewässern, die sie in Trockenperioden verlassen konnten, um in einem kurzen Landmarsch den nächsten

Als **Präadaptation** bezeichnet man eine Eigenschaft, die ursprünglich an eine bestimmte Funktion angepasst war und später unter neuen Bedingungen einen Anfangszustand für eine Neuanpassung und einen Funktionswandel darstellt. Anstelle von „Präadaptation" werden auch die Bezeichnungen „Prädisposition" und „Exaptation" verwendet. → weitere Beispiele S. 65, 118

Tümpel aufzusuchen. Dabei weisen die Quastenflosser Baueigentümlichkeiten auf, die als **Präadaptationen** für das Landleben gelten können: sie besaßen Lungen und zwei Flossenpaare, die durch ein Innenskelett und durch Muskeln zur Fortbewegung auch an Land benutzt werden konnten. Damit erscheint die Entwicklung zur ältesten bekannten Landwirbeltiergruppe, den Ichthyostegalia, als kein allzu großer Sprung (Abb. 51). Mit der weiteren Entwicklung der Landwirbeltiere haben sich auch Organsysteme weiterentwickelt. Die Lungen zeigen eine zunehmende innere Aufteilung in Kammern bis hin zur Bildung von vielen Millionen Lungenbläschen bei den Säugern (sog. **Progressionsreihe**). Durch diese Entwicklung wurde die Diffusionsfläche für die Aufnahme von Sauerstoff bzw. die Abgabe von Kohlenstoffdioxid vergrößert und damit die Leistungsfähigkeit des Organs verbessert (Abb. 52). Ebenso machte das Kreislaufsystem enorme Wandlungen durch, wobei allerdings in der Embryonalentwicklung immer noch der ursprüngliche Zustand als Ausgangsform auftritt (biogenetische Grundregel!). Dabei wurde im Laufe der Höherentwicklung bis zu Säugetieren die Anzahl der Arterienbögen im erwachsenen Zustand reduziert, auf der anderen Seite wurde das bei Fischen einfache Herz schrittweise bis zum vierkammrigen Organ vervollkommnet (Abb. 53).

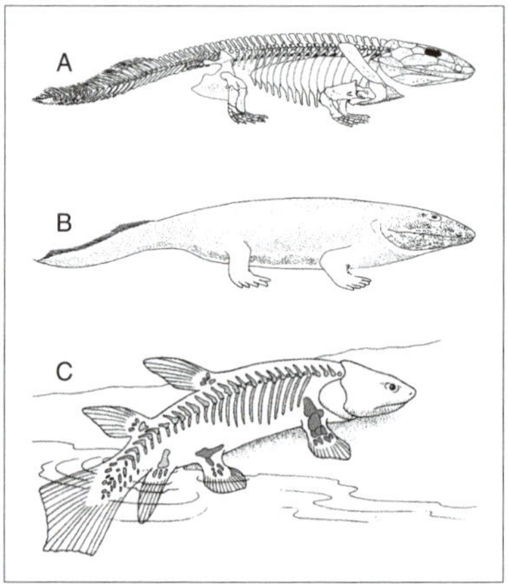

Abb. 51: Landübergang der Wirbeltiere: (A, B) *Ichthyostega*, ein fossiles Amphibium aus dem Devon; (C) Quastenflosser.

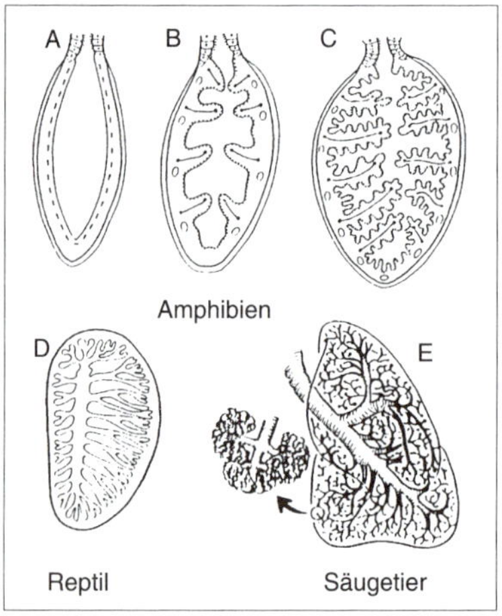

Abb. 52: Progression in der Evolution der Lunge bei den Landwirbeltieren.

→ biogenetische Grundregel siehe S. 28 f.

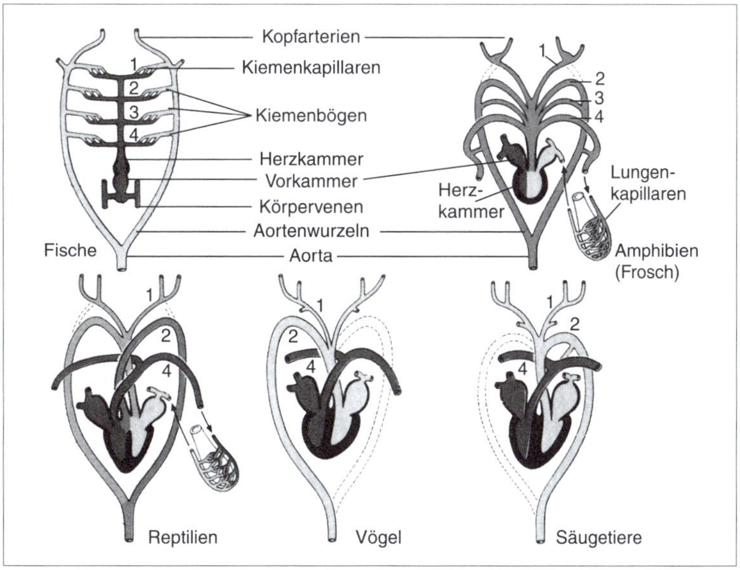

Abb. 53: Evolution des Blutkreislaufs bei den Wirbeltieren.

4.2 Exkurs: *Latimeria chalumnae* – Ein lebendes Fossil

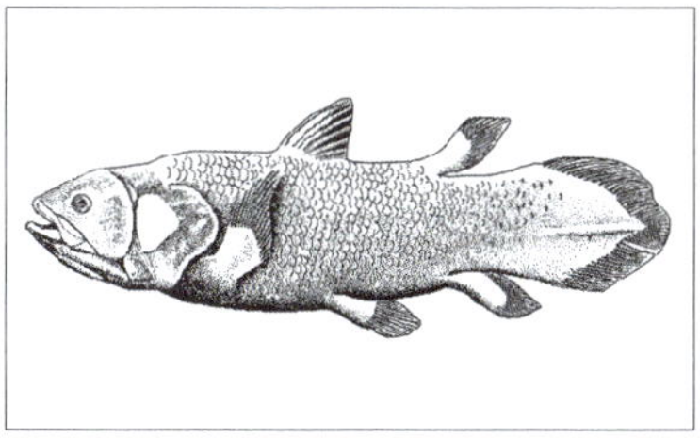

Abb. 54: *Latimeria chalumnae.*

1938 wurde vor Madagaskar in den Gewässern um die Komoren ein rezenter Quastenflosser entdeckt. Verwandte dieses Fisches sind aus dem Erdmittelalter vor 180–200 Mio. Jahren bekannt. Bis 1938 hielt man die Quastenflosser für ausgestorben, da seit der Kreidezeit keine Fossilien mehr bekannt sind. *Latimeria* gehört nicht zu dem Zweig der Quastenflosser, der den Landübergang vollzogen hat, zeigt aber trotzdem einige charakteristische Eigenschaften, wie z. B. die Kreuzbewegung der Vorder- und Hinterflossen, entsprechend den Gliedmaßen von landbewohnenden Tetrapoden. 1998 wurde nördlich von Sulawesi (Indonesien) ein Quastenflosser gefangen, der darauf hinweist, dass hier in über 10 000 km Entfernung von den Komoren eine zweite Population in den Tiefengewässern lebt.

„Lebende Fossilien" sind rezente Organismen mit vielen altertümlichen Merkmalen, deren nächste Verwandte längst ausgestorben sind.

Neben *Latimeria* gibt es noch eine ganze Reihe von **„lebenden Fossilien"**, also Organismen, die in ihrem Bau mit stammesgeschichtlich alten Formen übereinstimmen. Sie weisen auf zwei wichtige Aspekte hin:

- Das Fehlen von fossilen Belegen ist kein sicherer Hinweis darauf, dass diese Organismen in entsprechenden Zeiten nicht existiert haben.
- Offensichtlich gibt es neben relativ raschen Entwicklungsprozessen wie in adaptiven Radiationen auch die Tatsache, dass Organismen über viele Millionen Jahre unverändert blieben.

Weitere Beispiele lebender Fossilien sind der Pfeilschwanzkrebs (*Limulus*), der Ginkgo und die Meeresschnecke *Neopilina*.

4.3 Die adaptive Radiation der Reptilien

Adaptive Radiation bedeutet, dass sich eine Ausgangsart in unterschiedlichen Lebensräumen in mehrere Arten auffächert.

In der nach dem Landübergang erfolgenden Einnischung in die neuen Lebensräume zeigen insbesondere die Reptilien eine schnell und in mehreren Phasen ablaufende **adaptive Radiation** (Abb. 55).

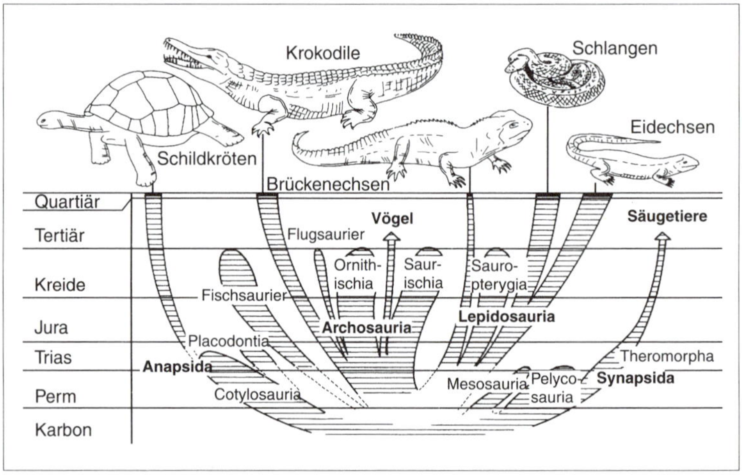

Abb. 55: Adaptive Radiation in der Entfaltung der Reptilien.

→ Amnion siehe S. 24

→ Radiation der Säugetiere siehe vordere Umschlaginnenseite.

→ Konvergenz siehe S. 21, 26 f.

Eine wesentliche Errungenschaft, die den Reptilien diese Entfaltung ermöglichte, war die Evolution der Fruchtwasserblase (Amnion). Das **Amnion** ist eine embryonale Hautfalte, die den Embryo außen umschließt und eine flüssigkeitsgefüllte Fruchtblase bildet. Darin kann der Embryo unabhängig vom äußeren Lebensraum Wasser seine Entwicklung durchlaufen. Die Reptilien konnten durch diese Eigenschaft auch in der Embryonalentwicklung sich vollständig vom Lebensraum Wasser lösen. Mit den Flugsauriern, den Fischsauriern und einer Vielfalt von landlebenden Formen gelang es ihnen, alle Lebensräume zu besetzen. Später haben die Säugetiere in ähnlicher Weise die Reptilien abgelöst und entsprechende Lebensräume mit konvergenten, auf Säugetierstufe stehenden Tierformen besetzt (Abb. 56).

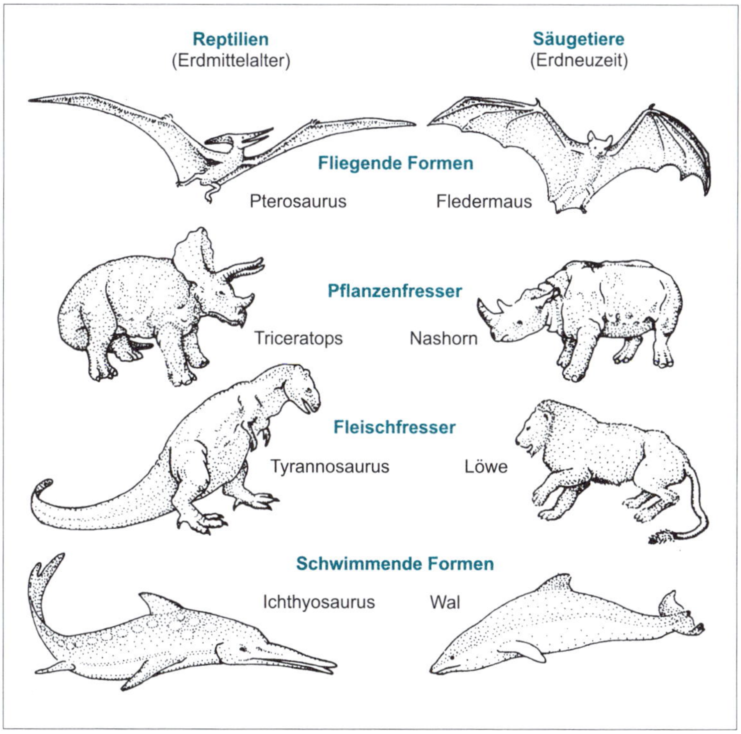

Abb. 56: Konvergente Lebensformen der Reptilien und der Säuger.

4.4 Sind die Vögel lebende Dinosaurier?

Archaeopteryx:
griech. *archaios* uralt; *pteryx* Flügel, Vogel

1861 wurde in den Plattenkalken aus der Jurazeit in der Nähe von Solnhofen das erste Fossil eines ***Archaeopteryx*** gefunden. Neben einer isolierten Feder hat man bis heute noch sieben weitere Exemplare entdeckt. Die Tiere lebten in Küstennähe, die fossilisierten Exemplare sind wahrscheinlich im Meer ertrunken und wurden im sauerstoffarmen Meeresgrund von dem feinen Kalksediment eingeschlossen. Der *Archaeopteryx* (Abb. 57 B) ist mit 150 Mio. Jahren das älteste bekannte Vogelfossil. Obwohl sein Skelett weitgehend dem von kleinen Sauriern aus der Gruppe der Coelurosaurier, z. B. *Compsognathus* (Abb. 57 A), gleicht, beweisen die Abdrücke von Gefieder eindeutig die Zugehörigkeit zu den Vögeln. Hinzu kommt als weiteres typisches Vogelmerkmal das Gabelbein, das den Sauriern fehlt. Andererseits sind die Zähne, der lange Schwanz, die Bauchrippen, das kleine Brustbein wie auch die Krallen an den Händen eindeutig Merkmale, die *Archaeopteryx* mit den Coelurosauriern gemeinsam hat. Diese zahlreichen Ähnlichkeiten weisen darauf hin, dass die Vögel sich von dieser Sauriergruppe herleiten (Abb. 57).

Nachdem Darwin schon in seinem 1859 erschienenen Werk auf das Fehlen von fossilen Zwischenformen **(„Missing Links“)** zwischen den großen Tiergruppen hingewiesen hat, wurde somit zwei Jahre nach dem Erscheinen seines Buchs ein Missing Link zwischen Reptilien und Vögeln gefunden. *Archaeopteryx* ist ein gutes Beispiel für die **mosaikartige Evolution** der Organismen. Die Merkmale entwickeln sich mit unterschiedlichem Tempo, einige bleiben konstant, andere verändern sich sehr stark, sodass der Organismus ein Mosaik aus altertümlichen und fortschrittlichen Eigenschaften und Strukturen darstellt.

→ Beispiele für Mosaikevolution siehe S. 119/120

→ Merkmalsalter siehe S. 24

Die Bezeichnung **Mosaikevolution** beruht auf der Tatsache, dass die verschiedenen Organstrukturen der Lebewesen ein unterschiedliches Evolutionstempo haben. Jeder Organismus ist daher Träger von stammesgeschichtlich alten, neueren und ganz neuen Merkmalen in einem mosaikartigen Gemisch. Früher bezeichnete man solche Tiere auch als **„Brückentiere“**.

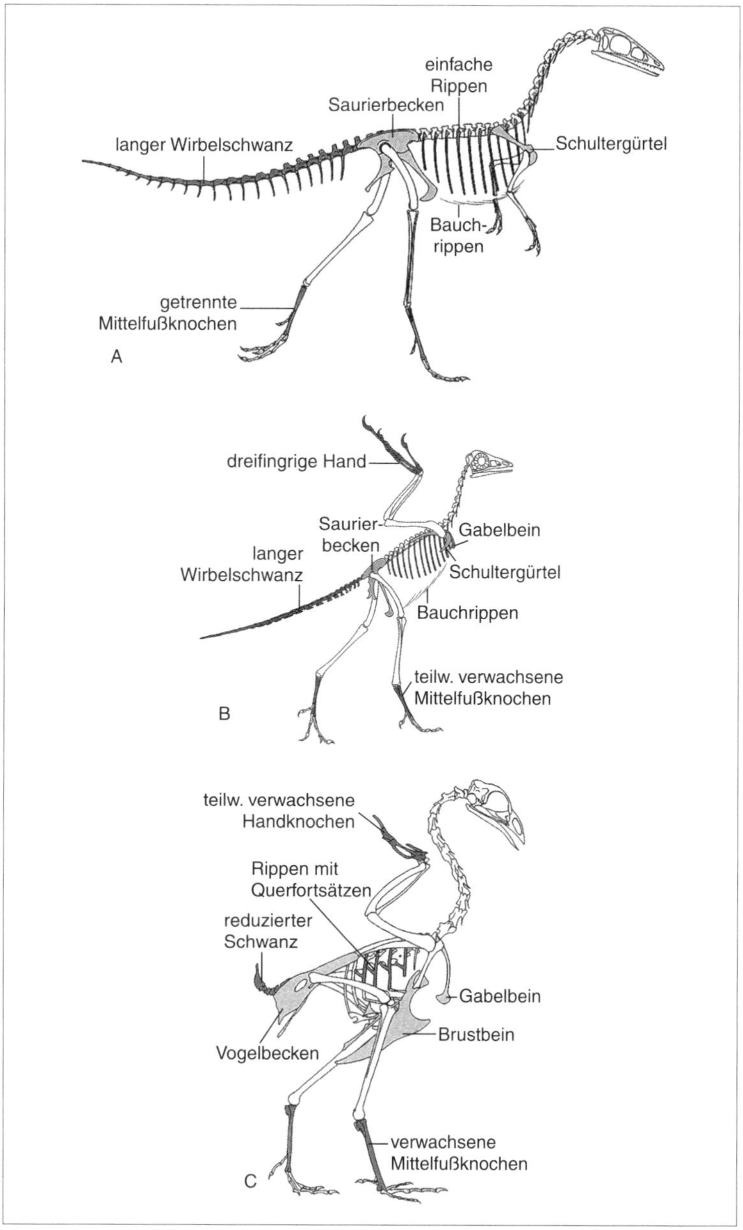

Abb. 57: (A) Raubdinosaurier, (B) *Archaeopteryx*, (C) Huhn. Die Merkmale, die beim Huhn weiter entwickelt sind als beim *Archaeopteryx*, sind schwarz hervorgehoben. Bei rezenten Vögeln gibt es keine Bauchrippen mehr.

Neue Funde ergänzen den Vogelstammbaum

Die Abstammung der Vögel von den Coelurosauriern wird noch unterstützt durch eine Reihe von Funden, die in den 90er-Jahren in China gemacht worden sind. *Sinosauropteryx* ist ein kleiner, etwa 65 cm langer Dinosaurier, dessen Haut mit etwa 2 cm langen Haaren oder Borsten besetzt ist. *Sinosauropteryx* hatte kurze Arme mit dreifingrigen Händen und lief auf zwei Beinen. Ein weiteres Fossil, das 1997 in China gefunden wurde, ist *Protarchaeopteryx robusta*. Nach seinen allgemeinen Skeletteigenschaften ist er noch saurierähnlicher als *Archaeopteryx*, auch die Federn sind mit ihrem symmetrischen Bau wohl ursprünglicher als die asymmetrischen Federn von *Archaeopteryx*, die denen von modernen Vögeln gleichen.

Wenn mit diesen beiden Funden auch Zwischenformen zwischen der eigentlichen Saurierstufe und *Archaeopteryx* zu bestehen scheinen, liegt doch ein schwerwiegendes Problem darin, dass die Fossilien einer Schicht angehören, die ein Alter von etwa 120 Mio. Jahren hat. Sie sind damit 30 Mio. Jahre jünger als *Archaeopteryx*. Das Alter der Fossilien stimmt demnach nicht mit ihrer evolutionären Stellung überein, die sich aus den Struktureigenschaften erschließen lässt. Trotzdem ließe sich argumentieren, dass auch die jüngeren Formen schon früher existiert haben, nur bisher nicht fossil belegt sind.

Als **Schwestergruppen** bezeichnet man zwei Arten oder höhere systematische Einheiten, die sich auf eine nur ihnen gemeinsame Stammart zurückführen lassen.
→ Synapomorphie siehe S. 25

Unter den gegenwärtig existierenden Tieren bilden nach Meinung vieler Fachleute die Krokodile die nächstverwandte Gruppe der Vögel. Vögel und Krokodile sind also Schwestergruppen, was insbesondere durch einige Synapomorphien im Schädelbereich belegt wird. Abb. 58 zeigt, dass die Verwandtschaftsbestimmung anhand rezenter Organismen nicht ausreicht, um die Stammesgeschichte zu rekonstruieren. Das Kladogramm bezieht die zu den Vögeln führenden Evolutionsschritte mit ein, soweit sie sich aus den Fossilfunden ermitteln lassen. Die Ahnenlinie zeigt, dass die speziellen Eigenschaften der Vögel wie Federn, Warmblütigkeit, zahnloser Schnabel unabhängig voneinander und nacheinander entstanden sind.

Der Vogelflug

Es ist unbestritten, dass *Archaeopteryx* aktiv fliegen konnte, wenn er auch aufgrund seiner schwachen Brustmuskulatur keine lang andauernden Streckenflüge vollbringen konnte. Eine der bisher ungelösten Fragen der Vogelevolution betrifft die Entstehung der kompliziert gebauten Vogelfeder. Schon zu Darwins Zeiten wurde der Einwand erhoben, dass einfache erste Federbildungen und Flügelansätze, die das Tier noch nicht zum Fliegen befähigen, keinen Selektionsvorteil be-

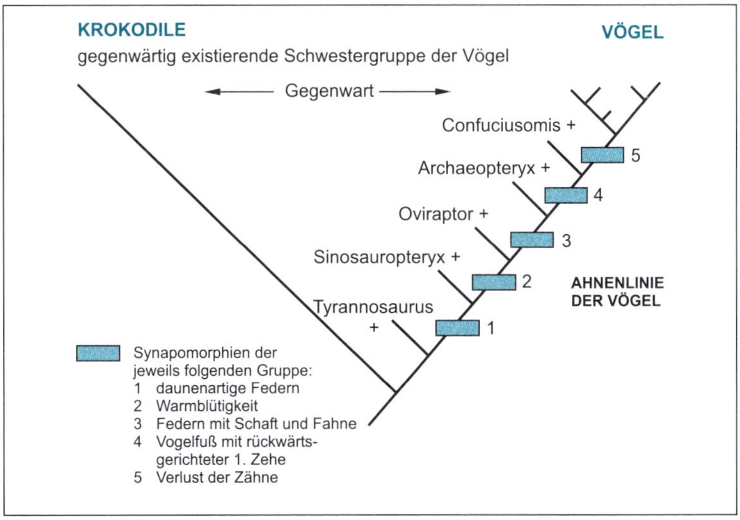

Abb. 58: Kladogramm, das die gegenwärtig existierenden Schwestergruppen „Krokodile“ und „Vögel“ zeigt sowie die Ahnenlinie der Vögel. Die fossilen Funde wie Archaeopteryx gehören wahrscheinlich nicht direkt zu dieser Ahnenlinie, sondern liegen in Seitenästen. Apomorphien, die diese Stellung belegen, sind hier nicht angeführt.

sitzen könnten und demgemäß die selektionstheoretische Erklärung von Feder und Flügel infrage gestellt wäre. Ein neuerer Erklärungsansatz geht daher davon aus, dass das Federkleid ursprünglich dem Wärmeschutz gedient haben kann und erst daraus sich die Möglichkeit einer Funktionsänderung zum Gebrauch für das Gleiten und Fliegen ergeben hat. *Sinosauropteryx* mit seiner borstenartigen Körperbedeckung könnte eine erste Bestätigung für diese Hypothese bedeuten. Zugleich wäre das auch ein **Beispiel für Präadaptation:** Der Wärmeschutz wäre eine „Voranpassung“ für die ganz andere Funktion des Fliegens. Nach neuen Erkenntnissen sind Federn nicht den Reptilschuppen homolog, sondern evolutionäre Neubildungen. Ontogenetisch entsteht eine Feder zunächst als röhrenförmiger Auswuchs in der äußeren Hautschicht, der sich innen in Schaft und Äste gliedert. Das Auftreten von Borsten bei dinosaurierartigen Vorläufern der Vögel spiegelt sich daher noch heute in der Federontogenese wider (vgl. biogenetische Grundregel S. 28 f.).

→ Präadaptation siehe S. 58

4.5 Trends in der Evolution der Pferdeartigen

Wie die Abbildung 59 zeigt, hat in Nordamerika eine kontinuierliche Evolution der Pferde stattgefunden. Von dort aus sind immer wieder Gruppen über die damals eine Landverbindung bildende Behringstraße in die Alte Welt eingewandert. An der Basis dieses Stammbaums (Abb. 59 A) steht das nur etwa fuchsgroße *Hyracotherium*. Im weiteren Verlauf der Stammesgeschichte sind die Pferde immer größer geworden. Auch andere Merkmale zeigen eine deutliche Richtung in ihrer Evolution. So hat sich das Gebiss von einem unspezialisierten Allesfressergebiss über die Vereinheitlichung der Backenzähne bei den laubfressenden Formen bis zu Zähnen mit großen Kauflächen und Leisten bei den jüngeren grasfressenden Formen entwickelt. Im Zusammenhang mit dem Übergang vom Wald- zum schnell laufenden Steppentier reduzierte sich einerseits die Anzahl der Zehen von der ursprünglich fünfstrahligen Säugerextremität bis zur einstrahligen Form beim rezenten Pferd. Zusätzlich wurde dieser eine Strahl, der aus dem mittleren Mittelhandknochen und dem Mittelfinger besteht, zunehmend vergrößert (Abb. 59 C).

→ Reduktion siehe S. 22

Die Evolution dieser Merkmale vermittelt den Eindruck **evolutionärer Trends**, also einer gerichteten Entwicklung, als ob die Pferdeartigen im Laufe des Tertiärs sich zielgerichtet auf die Einstrahligkeit des Beins hin entwickelt hätten. In Wirklichkeit liegt aber auch hier ein breit gestreutes Evolutionsgeschehen vor, bei dem insbesondere die Umweltveränderungen – Übergang vom Leben im Wald zum Leben in der Steppe, vom Laub- zum Grasfresser – solche Eigenschaften selektierten, die dem neuen Umfeld am besten angepasst waren. Der Trend ist also nicht in einer inneren Zielrichtung der Organismen, sondern in einer **gerichteten Auslese** begründet. Die Gefahr eines Fehlurteils wird auch aus der Reihe von Vorderbeinen in Abbildung 59 D deutlich. Bei den ersten Untersuchungen im 19. Jahrhundert wurden die Fossilien der Alten Welt ausgewertet. Sie scheinen eine klare Evolutionslinie darzustellen. Der Vergleich mit dem Stammbaum zeigt aber, dass hier die Endglieder verschiedener Zweige zu einer Reihe verbunden wurden, die in Wirklichkeit keine Stammlinie bilden (*Anchitherium – Hipparion – Equus*), wohl aber gleichartige Trends ihrer Entwicklung aufweisen.

Trend: Entwicklungsrichtung

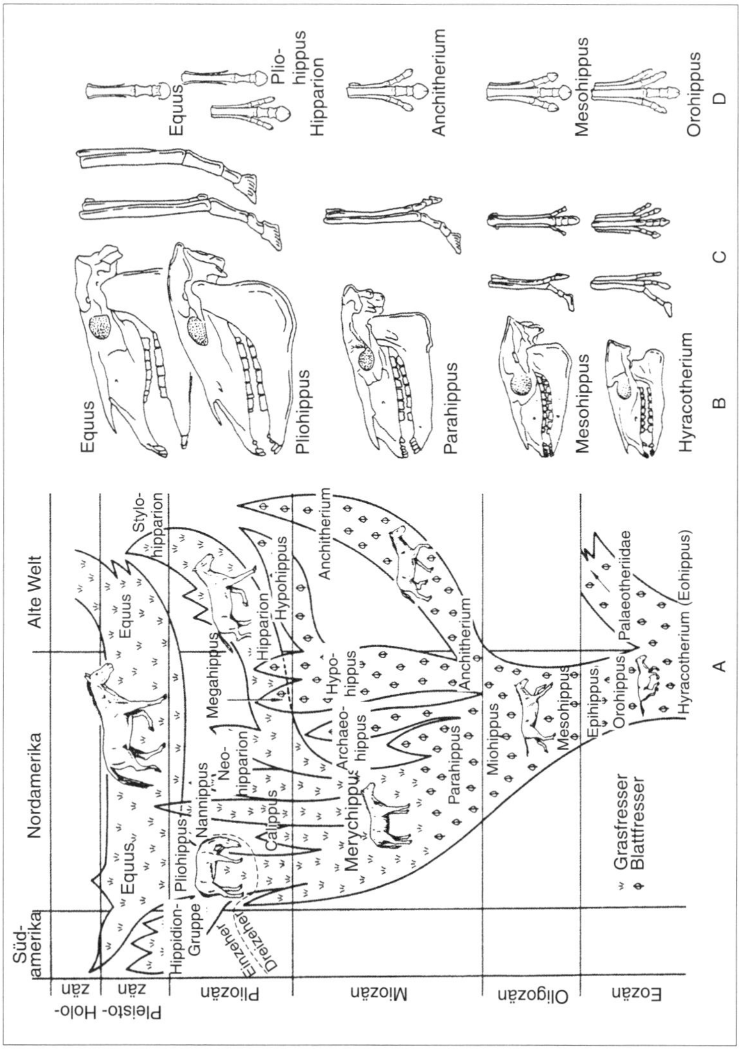

Abb. 59: (A) Evolution der Pferdeartigen; (B, C) Schädel und Beinskelett aus der Evolutionslinie vom fuchsgroßen *Hyracotherium* zum heutigen Pferd. (D) Scheinbar stetige Entwicklungslinie, die aber nicht die reale Verwandtschaft widerspiegelt: *Hipparion* und *Anchitherium* sind keine Vorfahren des heutigen Pferdes.

5 Faunenschnitte und die Problematik des Aussterbens

Als **Hintergrundaussterben** bezeichnet man das während der ganzen Stammesgeschichte mehr oder weniger gleichmäßig erfolgende Aussterben von Arten, im Unterschied zu einzelnen Phasen des **Massenaussterbens**.

Ammoniten sind eine am Ende der Kreidezeit vollständig ausgestorbene Weichtiergruppe, die mit den Tintenfischen verwandt ist.

Aussterben und Neuentstehung von Arten gehören zum normalen Verlauf der Evolution der Organismen. Es wird angenommen, dass 99 % der jemals existierenden Arten ausgestorben sind. Dabei unterscheidet man das während aller Zeitepochen stattfindende Aussterben als **Hintergrundaussterben** von den kurzen Perioden, in denen ein stark erhöhtes **Massenaussterben** von Tierarten stattfand.

Allerdings ist schon die Frage, ob es tatsächlich solche Ereignisse gegeben hat, nicht eindeutig geklärt, noch weniger die Frage nach den Ursachen von Massenaussterben. Man hat etwa ein Dutzend Massenuntergänge im Verlauf der Lebensgeschichte angenommen, von denen derjenige an der Wende von der Kreide zum Tertiär der bekannteste ist (Abb. 60). Zu diesem Zeitpunkt vor etwa 65 Millionen Jahren sind terrestrische wie auch marine Arten in großer Anzahl ausgestorben, so die Dinosaurier, zusammen mit den Flugsauriern und den Fischsauriern, und die große Artengruppe der **Ammoniten**.

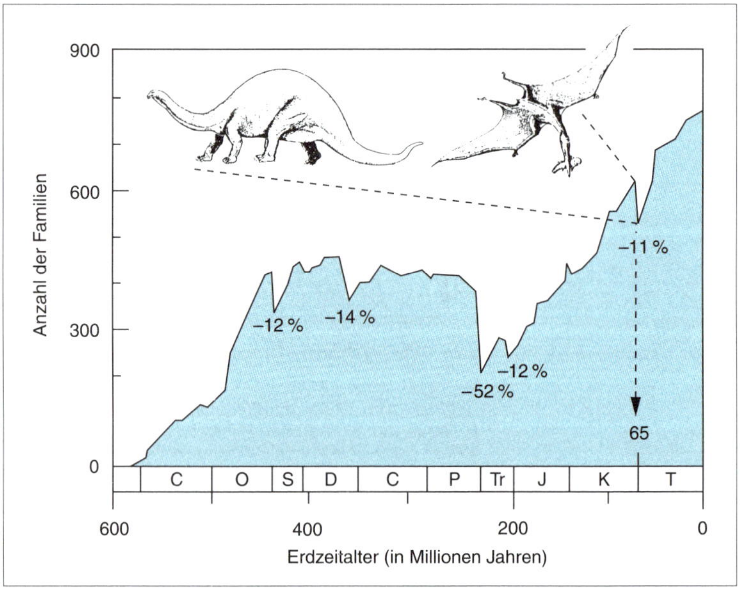

Abb. 60: Massenaussterbeereignisse im Lauf der Erdgeschichte. Die Prozentzahlen geben den Anteil ausgestorbener Familien an.

Das Problem, ein Massenaussterben zu definieren, wird durch genauere Untersuchungen deutlich:

Mio. Jahre vor unserer Zeit	76–75	69	68	67	66,5	65
Anzahl von Dinosauriergattungen im westl. Nordamerika	> 30	22	18	12	7	0

Tab. 5: Rückgang der Dinosauriergattungen in Nordamerika am Ende der Kreidezeit.

Die Tabelle zeigt, dass es sich im Fall der Dinosaurier nicht um ein plötzliches, in wenigen Jahrzehnten ablaufendes Ereignis handelte, sondern um einen über mehrere Millionen Jahre andauernden Rückgang der Artenzahl, der am Ende der Kreide mit dem völligen Verschwinden dieser Tiergruppe endete. Andererseits zeigten die Ammoniten in der oberen Kreideepoche noch eine rapide Evolution neuer Arten, bis sie ebenfalls ausstarben.

Unter den zur Erklärung angeführten Hypothesen (Klimaänderungen, Vulkanismus, Konkurrenz durch andere Arten) ist die These, dass der Einschlag (Impakt) eines großen Meteoriten dafür verantwortlich sein könnte, besonders bemerkenswert.

Impakt-Hypothese: Die Annahme, dass größere Aussterbeereignisse im Lauf der Evolution durch den Aufprall von Meteoriten auf die Erde hervorgerufen wurden.

Iridium: chem. Zeichen Ir, ein seltenes Element aus der Gruppe der Platinmetalle mit einer sehr hohen Dichte.

In den Sedimenten der oberen Kreide findet sich weltweit eine wenige Zentimeter dicke Schicht von Tonablagerung mit einem sehr hohen Iridiumgehalt, der von einem Meteoriten (aber auch aus Vulkanablagerungen) stammen kann. Der **Einschlag eines Meteoriten** hätte eine Staubwolke in die Atmosphäre geschleudert, die durch die Verdunkelung die Temperatur gesenkt hätte und die Fotosynthese z. B. der Meeresalgen reduziert hätte. Dadurch wären die marinen Nahrungsketten erheblich gestört worden.

Tatsächlich wurde vor der mexikanischen Küste im Golf von Mexico ein Krater gefunden, der von dem Aufprall eines vor 65 Mio. Jahren niedergegangenen Asteroiden stammt. Dieser Chicxulub-Krater hat einen Durchmesser von etwa 200 km. Berechnungen aus den Größenverhältnissen lassen auf einen Asteroiden von etwa 10 km Durchmesser schließen, der hier einschlug (Abb. 61).

Asteroiden sind große Meteorite

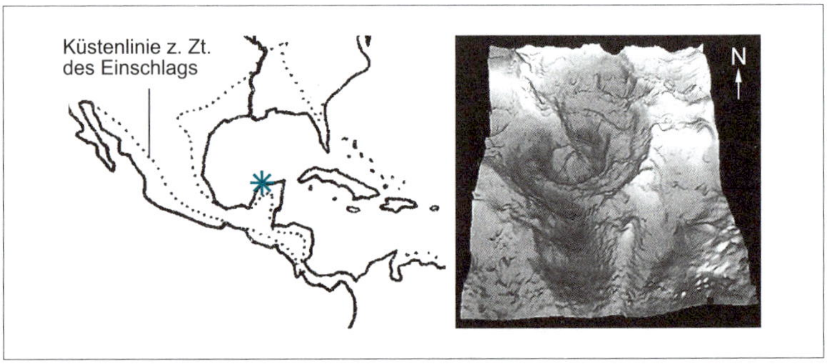

Abb. 61: Der durch einen Asteroiden-Einschlag entstandene Chicxulub-Krater im Golf von Mexico. An dem Reliefbild lässt sich erkennen, dass der Einschlag aus südlicher Richtung erfolgte.

Als **Faunenschnitte** bezeichnet man einen erdgeschichtlich relativ schnell abgelaufenen Wechsel im weltweiten Bestand der Tierwelt, hervorgerufen durch ein Massenaussterben und anschließende adaptive Radiation neuer Arten.

Massenaussterbeereignisse traten vor allem bei Tieren auf, man bezeichnet sie deshalb auch als **Faunenschnitte**. Pflanzen waren durch katastrophale Ereignisse nicht so stark gefährdet, vermutlich aufgrund ihrer Fähigkeit zu vegetativer Vermehrung. Die Ablösung einer Großgruppe durch eine andere – z. B. der Nadelholzgewächse durch die Angiospermen – erfolgte über lange Zeiträume, wobei in erster Linie Konkurrenz eine Rolle gespielt hat. Nach Massenaussterben zeigt sich oft eine erneute rapide Artbildung im Sinne einer adaptiven Radiation. Im Fall der Dinosaurier scheint ihr Verschwinden Platz gemacht zu haben für eine geradezu explosive Entfaltung der Säugetiere im Tertiär (s. vordere Umschlaginnenseite).

El Niño (span. das Kind) ist eine in unregelmäßigen Abständen auftretende warme Meeresströmung an der peruanischen Küste, der großräumige Änderungen im Wettergeschehen zugrunde liegen. Der Name bezieht sich auf das Auftreten zur Weihnachtszeit.

Aktuelle Bedeutung hat die Frage des Massenaussterbens in jüngster Zeit gewonnen. Durch die globale Erwärmung des Klimas und Ereignisse wie den El Niño haben sich die Oberflächenwasser der Ozeane in der tropischen Zone um einige Grad Celsius erwärmt. Diese Veränderung genügt, um ein weltweites Absterben der Korallenriffe hervorzurufen. Über weite Gebiete sind drei Viertel der Riffkorallen abgestorben. Der Statusbericht des Global Coral Network von 1998 bezeichnet die Riffschäden fast überall als „katastrophal“ bzw. „schwerwiegend“. Da die Riffe ähnlich komplexe Ökosysteme darstellen wie die tropischen Regenwälder auf dem Land, ist mit ihrem Absterben die ganze artenreiche Lebensgemeinschaft bedroht.

Zusammenfassung

- Die Entstehung des Lebens auf der Erde verlief in einer sauerstofffreien (reduzierenden) Atmosphäre. Die ersten Schritte der Bildung organischer Verbindungen werden als **chemische Evolution** bezeichnet. Sie lassen sich in Simulationsexperimenten nachvollziehen. Als wichtiger Schritt wird die Entstehung von RNA-Protein-Systemen angesehen, die zur selbstkatalytischen Vermehrung fähig waren (Hyperzyklus-Modell).
- Als älteste Fossilien werden Kalkablagerungen von Cyanobakterien, sogenannte **Stromatolithen**, angesehen (ca. 3,5 Mrd. Jahre). Die ältesten Organismen waren Prokaryoten (Bakterien, Archaebakterien, Cyanobakterien) mit einfacher Zellorganisation ohne Kern, Mitochondrien oder Chloroplasten. Die Entstehung der Euzyte fand vor etwa 1,8 Mrd. Jahren statt. Gemäß der **Endosymbiontenhypothese** bildete sich die Zellform der Eukaryoten durch Vereinigung mehrerer prokaryotischer Zellen. Mitochondrien und Chloroplasten sind demnach Reste ursprünglich eigenständiger prokaryotischer Zellen.
- Die bedecktsamigen Blütenpflanzen **(Angiospermen)** traten zuerst vor ca. 130 Mio. Jahren auf. Ihre besonderen Selektionsvorteile sind die vorherrschende Bestäubung durch Insekten und der geschlossene Fruchtknoten. Der von ihren Vorfahren übernommene Generationswechsel wurde stark zugunsten des Sporophyten verändert, die Gametophytengeneration wurde auf wenige Zellen reduziert (Embryosack bzw. Pollenkorn).
- **Quastenflosser** haben im Devon den evolutionären Übergang zum Landleben vollzogen. Damit sind sie die Stammgruppe der Landwirbeltiere (Tetrapoden). *Latimeria* ist als rezenter Quastenflosser ein lebendes Fossil. Bei der Eroberung neuer Lebensräume trat oft eine rasch verlaufende Entstehung vieler neuer Arten und Lebensformen auf, die die neuen Gegebenheiten nutzen konnten: **adaptive Radiation**.
- **Präadaptation, Neotenie** und **Mosaikevolution** sind wichtige Aspekte bei der Entstehung neuer Strukturen und Funktionen.

Kausalanalyse der Stammesgeschichte: Die Evolutionsfaktoren

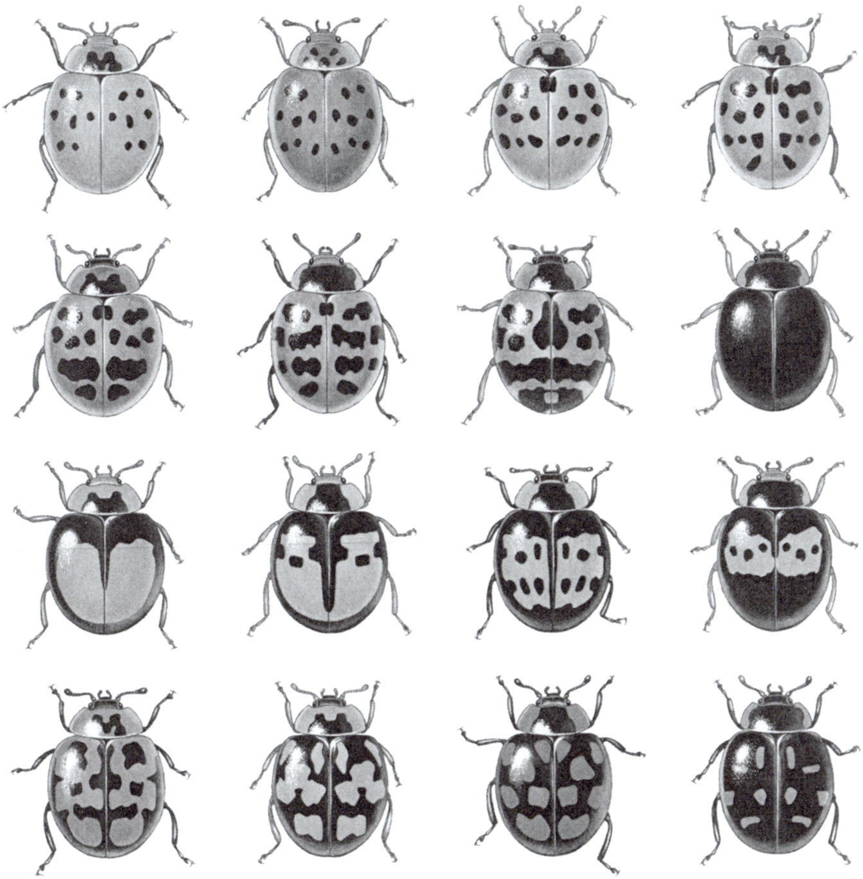

Der asiatische Marienkäfer *Harmonia axyridis* zeigt die Vielgestaltigkeit von Populationen einer Art.

„It may be said that natural selection is daily and hourly scrutinising, throughout the world, every variation, even the slightest; rejecting that which is bad, preserving and adding up all that is good; silently and insensibly working, whenever and wherever opportunity offers, at the improvement of each organic being in relation to its organic and inorganic conditions of life."
Charles Darwin, *Origin of Species*, 1859

1 Von Darwin zur Synthetischen Theorie

→ Entstehung der Selektionstheorie siehe S. 4 f.

Charles Darwin gründete seine Selektionstheorie auf folgende Beobachtungen:

- Alle Lebewesen erzeugen mehr Nachkommen, als zum Erhalt der Populationsgröße nötig wären. Wenn alle Nachkommen überlebten und sich wieder fortpflanzten, würde die Populationsgröße exponentiell wachsen. Zwei extreme Beispiele können das verdeutlichen: Bakterien teilen sich bei optimalen Umweltbedingungen (genügend Nahrung, Raum, angemessene Temperatur) etwa alle 20 Minuten. Ausgehend von einem Bakterium würden also nach 20' zwei entstehen, nach 40' vier, nach einer Stunde acht. Bei ungehemmter Vermehrung würde aus dem einen Bakterium bereits nach 36 Stunden eine Bakterienmenge entstehen, die die ganze Erde mit einer 30 cm dicken Schicht bedecken würde. Andererseits gibt es Organismen, die nur sehr wenige Nachkommen haben, wie Elefanten. Während ihres 50-jährigen Lebens haben sie etwa 6 Jungtiere. Aber auch hier lässt sich errechnen, dass eine ungehemmte Vermehrung aller Nachkommen eines Paares in 750 Jahren etwa 19 Millionen Elefanten hervorbringen würde!
- Die Anzahl der Individuen einer Population bleibt aber über lange Zeiträume hinweg relativ konstant, da die natürlichen Ressourcen (z. B. Raum, Nahrung) begrenzt sind.
- Die Individuen einer Art sind nicht völlig identisch, jedes unterscheidet sich phänotypisch und genotypisch von den anderen, z. B. ganz einfach in Größe oder Gewicht.

Aus diesen Beobachtungen zog Darwin den Schluss, dass die Individuen einer Population untereinander um das Überleben „kämpfen" *(struggle for life)* und dass sie aufgrund der individuellen Unterschiede auch unterschiedliche Chancen des Überlebens haben. Damit erfolgt also eine Auslese **(Selektion)**, durch die nur die jeweils aus dem Überlebenskampf übrig gebliebenen Individuen sich weiter vermehren können und damit ihre Eigenschaften weitervererben: Überleben der Tauglichsten *(survival of the fittest)*.
Zu Darwins Zeit waren die Kenntnisse über Vererbung noch sehr gering. Eine entscheidende Vertiefung seiner Theorie wurde durch die Erforschung der Erbprozesse erreicht, angefangen mit Mendel, der

Als **Crossing-over** bezeichnet man den Austausch von Teilstücken zwischen zwei homologen Chromosomen während der Meiose.

Eine **Population** ist eine räumlich zusammenhängende Gruppe von Individuen einer Art, die eine Fortpflanzungsgemeinschaft bilden.

Mutations- und Chromosomentheorie, der Entdeckung des Crossing-over bis zur Analyse der DNA. Da Evolution die langfristige Veränderung von Organismen über viele Generationen hinweg bedeutet, kann sie nicht an einzelnen Individuen, sondern nur an **Populationen** stattfinden.

Damit rückte die Population in den Mittelpunkt der Betrachtung. Ein weiteres wichtiges Ergebnis der neueren Forschung war die Feststellung, dass neue Arten nicht einfach durch Mutation entstehen, sondern dass gewöhnlich eine geografische Trennung von Populationen eine notwendige Voraussetzung der Artbildung ist. Bis zur Mitte des 20. Jahrhunderts wurden so die Grundlagen der Darwin'schen Selektionstheorie vertieft und mit den neuen Ergebnissen der Genetik, Systematik, Ökologie und Paläontologie in einer Synthese zusammengefasst.

Die **Synthetische Theorie der Evolution** entstand im 20. Jahrhundert auf der Grundlage von Darwins Selektionstheorie, wobei die Synthese der Erkenntnisse aus Populationsgenetik, Ökologie, Verhaltensforschung und Systematik zu der heute gültigen Theorie der Artentstehung führte.

2 Die Population als Grundeinheit der Evolution

Als **Allel** bezeichnet man eine von mehreren Formen eines Gens.

Vererbungsvorgänge sind auf Erbanlagen oder **Gene** zurückzuführen.

Homologe Chromosomen lassen sich durch gleiche Form und Größe erkennen.

Als **heterozygot** wird ein Organismus bezeichnet, der für ein bestimmtes Merkmal zwei verschiedene Allele besitzt (= mischerbig).

Homozygot (= reinerbig) für ein Merkmal ist ein Organismus, der hierfür zwei gleiche Allele besitzt.

Die Grundlage für die individuellen Unterschiede innerhalb einer Population hinsichtlich ihrer Merkmale ist die Anzahl verschiedener **Allele**, die in ihr enthalten sind.
Beispielsweise gibt es bei Erbsen rot blühende und weiß blühende Rassen, wobei die rote Blütenfarbe dominant ist. Dem Merkmal Blütenfarbe liegen die beiden Allele R (für rot) und r (für weiß) zugrunde. Mischerbige (heterozygote) Erbsen haben den Genotyp Rr, phänotypisch blühen sie rot. Weiß blühende Erbsen müssen reinerbig (homozygot) rezessiv sein, also die Allele rr enthalten.

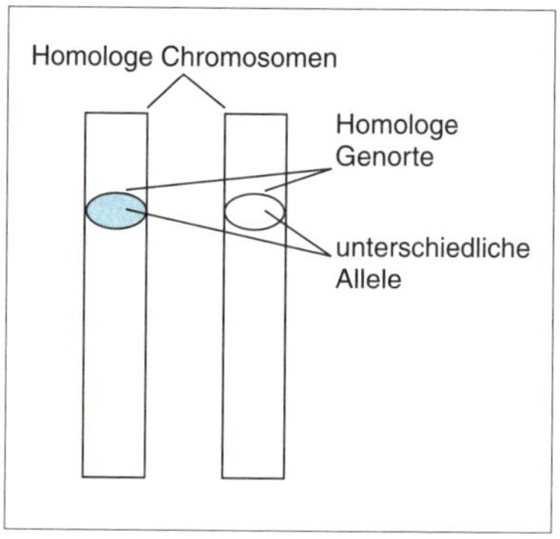

Abb. 62: Chromosomen sind die Träger der Gene. Gene können in unterschiedlichen Zustandsformen vorliegen.

Der **Genpool** ist die Gesamtheit der Gene bzw. Allele in einer Population. Er bildet die genetische Grundlage für evolutive Veränderungen.

Die verschiedenen Allele eines Gens finden sich mit unterschiedlicher Häufigkeit im Genpool, man spricht von der **Gen-** oder **Allelfrequenz**. Bei evolutiven Prozessen (z. B. der Veränderung von Merkmalen oder der Entstehung von neuen Arten) müssen sich diese Allelfrequenzen ändern. Damit ändert sich auch die Zusammensetzung des Genpools.

Evolution kann man daher definieren als langfristige **Änderung der Allelfrequenzen** in einer Population.

Für das Verständnis dieser Prozesse ist daher eine Abschätzung der Veränderungen in der Allelzusammensetzung einer Population von größter Bedeutung. Die Vielfalt der Beeinflussung eines Genpools ist so komplex, dass man bei der Analyse der Faktoren zunächst von einem einfachen mathematischen Modell ausgegangen ist: der „**idealen Population**“ von Hardy und Weinberg (1908).

Die Bedingungen der idealen Population sind festgesetzt:

- es gibt keine Mutationen
- es gibt keine Selektion
- es findet weder Genimport noch -export statt
- die Population ist so groß, dass keine Zufallsschwankungen auftreten
- jedes Individuum hat die gleiche Chance, sich mit jedem Individuum des anderen Geschlechts zu paaren **(Panmixie)**.

Panmixie ist die zufällige Wahl des Paarungspartners zwischen allen Mitgliedern einer Population.

Dieses Modell besagt, dass unter den Bedingungen einer idealen Population sich die Allelhäufigkeiten nicht ändern, wie die Beispielrechnung zeigt.
An einem Beispiel mit einem Allelpaar betrachtet, sieht das Modell so aus: Das Allel A sei mit der Häufigkeit p in der Population vorhanden (pA), das Allel a mit der Häufigkeit q (qa). Weitere Allele dieses Genorts gebe es nicht, die Summe beider Allelhäufigkeiten ist damit 100 %: $p+q=1$. Unter den angenommenen Bedingungen errechnen sich die Häufigkeiten der vorhandenen Genotypen mit

$$(pA+qa)\,(pA+qa)=p^2AA+2pqAa+q^2aa,$$

d. h. der homozygot-dominante Genotyp AA kommt mit der Häufigkeit p^2 vor, der heterozygote Genotyp Aa mit der Häufigkeit 2pq und der homozygot-rezessive Genotyp ist mit der Häufigkeit q^2 vertreten. In der Formel sind alle möglichen Paarungen erfasst. Umgekehrt lässt sich aus der Häufigkeit einzelner Genotypen auch die Allelfrequenz ermitteln. Zeigen z. B. 16 % einer Population das rezessive Merkmal, dann haben sie das rezessive Allel im homozygoten Zustand: $q^2 = 0{,}16$. Die Allelfrequenz von a ist dann

Dominant ist ein Gen, das sich in der Ausprägung seines zugehörigen Merkmals durchsetzt (gegenüber einem **rezessiven** Gen).

$$\sqrt{q^2}=\sqrt{0{,}16}=0{,}4.$$

Daraus ergibt sich für die Allelfrequenz von A: $p=1-q=0{,}6$ oder 60 % im Genpool (Abb. 63).

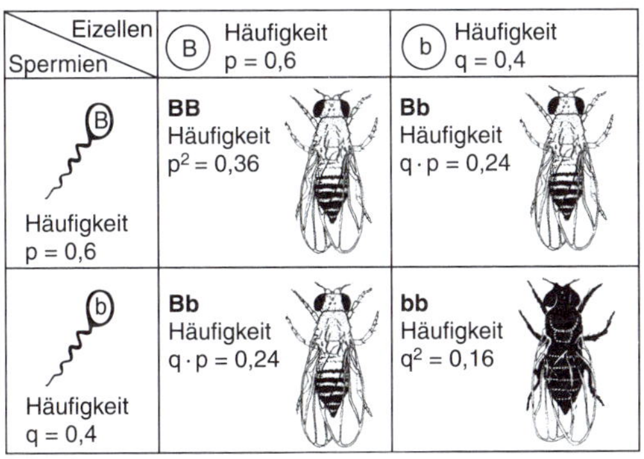

Abb. 63: Ermittlung der Allelfrequenzen in der F1-Generation in einer idealen Population.

Wenn wir aus dem Ergebnis aller möglichen Kreuzungen

$$p^2AA + 2pqAa + q^2aa$$

wieder die Allelfrequenzen errechnen, erhalten wir: Das Allel A ist mit der Häufigkeit $p^2 + pq$ vertreten, das Allel a mit der Häufigkeit $pq + q^2$. Da $p = 1 - q$ und $q = 1 - p$ ist, ergibt sich:

die neue Häufigkeit von A ist $p^2 + p(1 - p) = p^2 + p - p^2 = p$

die neue Häufigkeit von a ist $pq + q^2 = (1 - q)q + q^2 = q - q^2 + q^2 = q$

Schlussfolgerung: Im Modell der idealen Population bleiben die Allelfrequenzen und die Genotyphäufigkeiten über die Generationen hinweg konstant. Eine Änderung – und damit ein evolutiver Prozess – kann nur durch die genannten Faktoren, die aus der idealen Population ausgeschlossen wurden, bewirkt werden. Damit werden diese Faktoren indirekt als Bedingungen der Evolution nachgewiesen (Abb. 64).

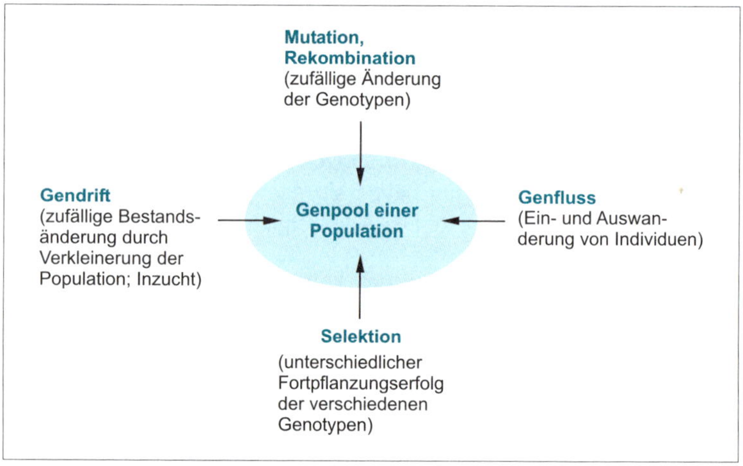

Abb. 64: Faktoren, die den Genpool einer Population beeinflussen und zu Änderungen in der Allelfrequenz führen können.

Genfluss ist der Ausdruck für das Ausmaß, in dem Erbanlagen zwischen benachbarten Populationen ausgetauscht werden.
→ siehe auch S. 103 f.

Die Veränderungen in der Zusammensetzung des Genpools durch Zu- oder Abwanderung von Individuen (Genfluss) bedarf keiner weiteren Erklärung. Dagegen sind die drei weiteren Faktoren – zufällige Änderung der Genotypen, Selektion und Gendrift – sehr komplex. Sie sollen im Folgenden genauer dargestellt werden.

3 Populationen sind variabel – Zufällige Änderungen der Genotypen

3.1 Die Modifikation

Modifikationen sind nicht erbliche Veränderungen, die ein Individuum aufgrund von Umwelteinflüssen erwirbt.

Phänotypisch erscheinende Veränderungen in einer Population können verschiedene Ursachen haben. Das Schneehuhn reagiert im Herbst auf die sinkenden Temperaturen und die abnehmende Tageslänge mit der Ausbildung eines weißen Winterkleides, der Wasserhahnenfuß bildet unter Wasser ganz andere Blattformen als auf oder über der Wasseroberfläche (Abb. 65). Solche Reaktionen der Organismen auf Umwelteinflüsse bezeichnet man als **Modifikationen**; die einzelne Form wird nicht fest vererbt, sondern vererbt wird die Fähigkeit des Organismus, auf Umweltfaktoren in bestimmter Weise zu reagieren. Vererbt wird also eine **phänotypische Plastizität**, die die individuelle Anpassung an die jeweiligen Gegebenheiten verbessert. Diese Anpassungen sind jedoch nur innerhalb eines genetisch festgelegten Spielraums, der sogenannten Reaktionsnorm, möglich. Der Selektionsversuch mit dem Kartoffelkäfer (Abb. 66) zeigt, dass auch bei einer über 12 Generationen fortgesetzten Paarung von Käfern mit großen Farbflecken die Nachkommenschaft immer die typische Variationsbreite der Fleckengröße beibehält, wobei stets eine mittlere Fleckengröße am häufigsten auftritt. Die Erkenntnis, dass Modifikationen nicht vererbt werden, ist ein entscheidender Einwand gegen die These von Lamarck, dass Tiere ihre aufgrund von Bedürfnissen erworbenen Eigenschaften weitervererben würden und durch diesen Vorgang evolutive Änderungen entstünden. Modifikatorische Änderungen betreffen nur das jeweilige Individuum, sie werden nicht in die Gene aufgenommen und tragen daher auch nicht zur Evolution einer Population bei.

→ Lamarck vgl. S. 3 f.

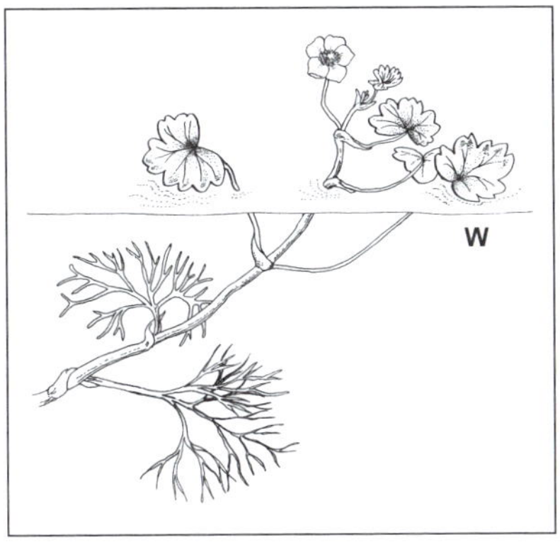

Abb. 65: Unter Wasser (W) und an der Luft gebildete Blattformen beim Wasserhahnenfuß: ein Beispiel für phänotypische Plastizität aufgrund von Umwelteinflüssen.

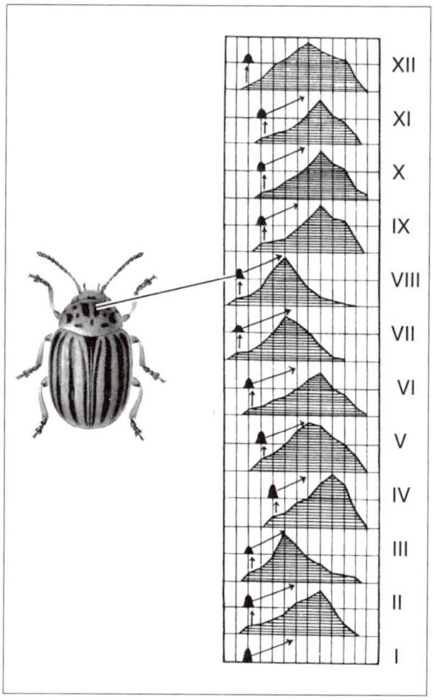

Abb. 66: Selektionsversuch mit dem Kartoffelkäfer. Über 12 Generationen wurden jeweils Tiere mit großen mittleren Flecken auf dem Rückenschild ausgesucht und weiter vermehrt. Die immer wieder in der Nachkommenschaft auftretende Normalverteilung der Fleckengröße mit dem Maximum im mittleren Bereich zeigt, dass die Fleckengröße nicht erblich fixiert ist, sondern durch Modifikation variiert.

3.2 Die Mutation

→ Mutation vgl. S. 31

Zufällige Änderungen im Genotyp bezeichnet man als **Mutationen**. Hierin liegt der eigentliche Ursprung evolutiver Neuerungen. Dabei spielen Mutationen auf allen drei Ebenen – im Gen, Chromosom und Genom – eine Rolle, wobei die Genmutationen für das evolutive Geschehen am wichtigsten sind.
Mutationen erfolgen nicht gerichtet, sondern zufällig. Sie können zwar durch Umwelteinflüsse bewirkt werden, etwa durch radioaktive Strahlung, stellen aber keine gezielte Antwort auf diesen Einfluss dar. Radioaktive Strahlung ist eher vergleichbar mit einem Schrotschuss, bei dem nicht vorausgesagt werden kann, welches Ziel ein einzelnes Schrotkorn trifft und was es dort anrichtet. Die Strahlen können eine beliebige Stelle der DNA verändern. Diese Richtungslosigkeit und Zufälligkeit von Mutationen kann man experimentell testen. Geeignet sind Bakterien, die in kurzer Zeit viele Teilungen durchlaufen.

Der **Fluktuationstest** zeigt, dass Mutationen zufällig und nicht als gerichtete Reaktion auf Umwelteinflüsse entstehen.

Resistenz ist die Fähigkeit zur Abwehr von schädlichen Mikroorganismen und Stoffen.

Der Fluktuationstest als Beweis der Richtungslosigkeit von Mutationen

In diesem Test (Abb. 67) werden von einer Ausgangskultur von Bakterien je 0,5 ml auf viele Reagenzgläser verteilt. Die Bakterien vermehren sich darin weiter. Anschließend wird jede Einzelkultur auf Agarplatten mit einem bakterientötenden Antibiotikum ausgegossen. Das Ergebnis der weiteren Bebrütung der Platten zeigt, dass nicht alle Bakterien abgetötet werden. Einige können sich weiter vermehren, sie besitzen eine Resistenz gegen das Antibiotikum. Wie in Abbildung 67 erkennbar, ist die Anzahl resistenter Bakterien in den Ansätzen ganz verschieden. Es treten also Schwankungen – Fluktuationen – in der Anzahl resistenter Bakterienkolonien auf. Daraus ergibt sich, dass die Resistenz bewirkende Mutation nicht durch das Antibiotikum in den Platten hervorgerufen wurde, denn dann müssten in allen Kulturen etwa gleich viele Kolonien auftreten. Die Resistenz war vielmehr bereits in einigen Bakterien der Ausgangskultur zufällig vorhanden.

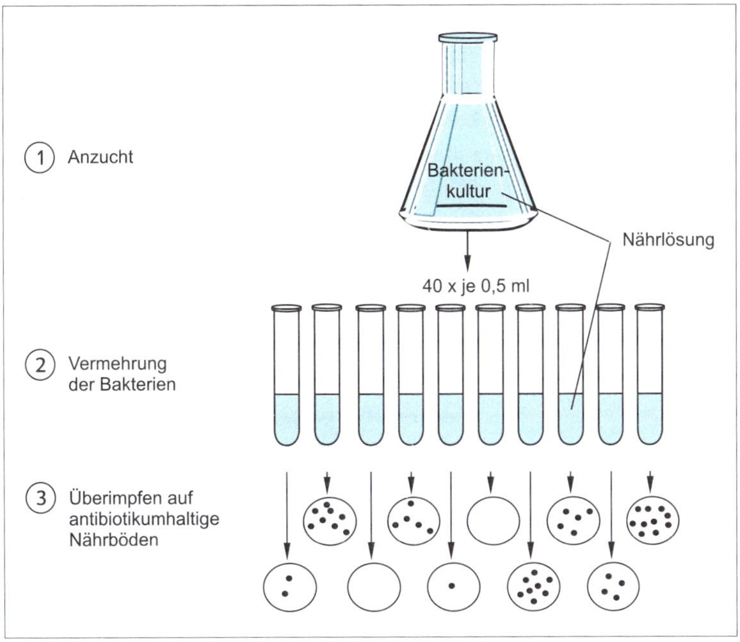

Abb. 67: Fluktuationstest.

Es ist extrem unwahrscheinlich, dass zum selben Zeitpunkt, zu dem eine Umweltveränderung stattfindet, sich auch eine entsprechende vorteilhafte Mutation ereignet. Mutierte Gene müssen über lange Zeiträume im Genpool einer Population erhalten bleiben, um – wie im Fluktuationstest gezeigt – bei Veränderungen der Umwelt zur Verfügung zu stehen. Das ist vor allem bei rezessiven Allelen leicht zu erklären. Rezessive Anlagen werden im heterozygoten Zustand phänotypisch nicht ausgeprägt. Daher kann die Selektion hier auch nicht ansetzen. Das rezessive Allel bleibt im Genpool, selbst wenn alle homozygoten Träger vor dem Erreichen der Fortpflanzungsfähigkeit sterben. Man nennt das die **genetische Bürde** einer Population.

Als **genetische Bürde** bezeichnet man die im Genpool einer Population mitgeschleppten, meist rezessiven schädlichen Gene.

Einige Wissenschaftler nehmen an, dass sich Mutationen der DNA mit konstanter Rate ereignen. Wenn das zutrifft, dann stellen die DNA und die von ihr gebildeten Proteine eine **molekulare Uhr** dar. Beim Vergleich zweier Arten lässt sich damit aus den Unterschieden im Gen- oder Proteinbau auf die Zeit seit dem gemeinsamen Vorfahren schließen. Dazu wird die molekulare Uhr „geeicht“ an Arten, die fossil gut belegt sind und deren Abstammungsalter man daher kennt. Abbildung 68 zeigt, dass für eine Reihe von Säugetierarten tasächlich eine konstante Mutationsrate einzelner Nukleotide besteht; allerdings gibt es auch Abweichungen.

Die **molekulare Uhr** beruht auf der Annahme, dass Mutationen mit relativ konstanter Rate in der Zeit ablaufen. Die Anzahl von Mutationen, z. B. Aminosäure-Austausche in einem Protein, kann daher einen Hinweis auf das Alter einer Art geben.

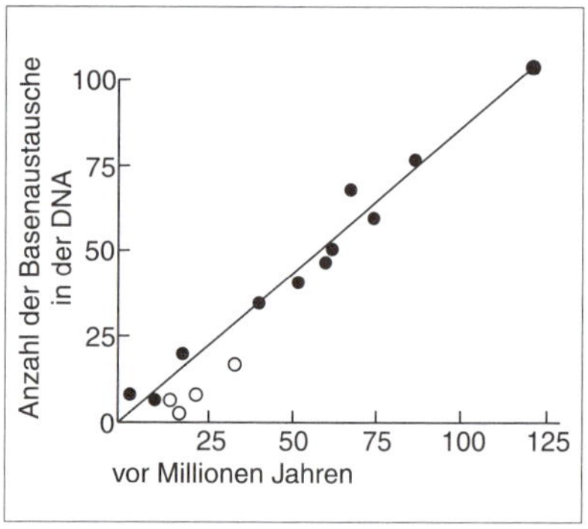

Abb. 68: Molekulare Uhr.

Die Erhaltung rezessiver Gene – das Beispiel Sichelzellanämie

Menschen mit dieser Erbkrankheit leiden unter verminderter Fließfähigkeit des Blutes und dadurch unter Sauerstoffmangel. Dabei nehmen die roten Blutkörperchen eine Sichelform an. Ursache hierfür ist die durch Mutation hervorgerufene Änderung in der Aminosäuresequenz der β-Globinkette des Hämoglobins. Dabei ist nur eine einzige Aminosäure im gesamten Protein verändert: an der sechsten Stelle der Aminosäuresequenz wird Glutaminsäure durch Valin ersetzt. Dem liegt eine Punktmutation des Hämoglobingens zugrunde: bei dem Triplett CTT (für Glutaminsäure) ist das mittlere Thymin durch Adenin ersetzt, das neue Triplett CAT codiert nun die Aminosäure Valin. Sichelzellanämie wird rezessiv vererbt, nur homozygote Träger des Sichlerallels erkranken. Sie sterben gewöhnlich vor Erreichen der Geschlechtsreife.

Trotzdem tritt das Sichlerallel in weiten Gebieten Afrikas mit relativ hoher Frequenz in der Bevölkerung auf (bis über 20 %, Abb. 69). Der heterozygote Genotyp, bei dem aufgrund des dominanten normalen Gens genügend funktionsfähiges Hämoglobin gebildet wird, hat zugleich eine erhöhte Resistenz gegen Malariaerreger. Dies ist der Grund, warum der heterozygote Zustand und damit auch das Sichlerallel in der Population erhalten bleibt. Man bezeichnet die Bevorzugung von Heterozygoten durch die Selektion als **Heterosiseffekt**. Er ist dafür verantwortlich, dass beide Allele in der Population erhalten bleiben, auch wenn eines im homozygoten Zustand nachteilig wirkt. Man spricht hier von einem **balancierten Polymorphismus**.

Als **Heterosiseffekt** wird die Erscheinung bezeichnet, dass die aus einer Kreuzung hervorgegangene mischerbige Generation eine größere Fitness als die Eltern hat.

Bei einem **balancierten Polymorphismus** sind die verschiedenen Merkmalsformen in einer Population über längere Zeit gleichbleibend häufig.

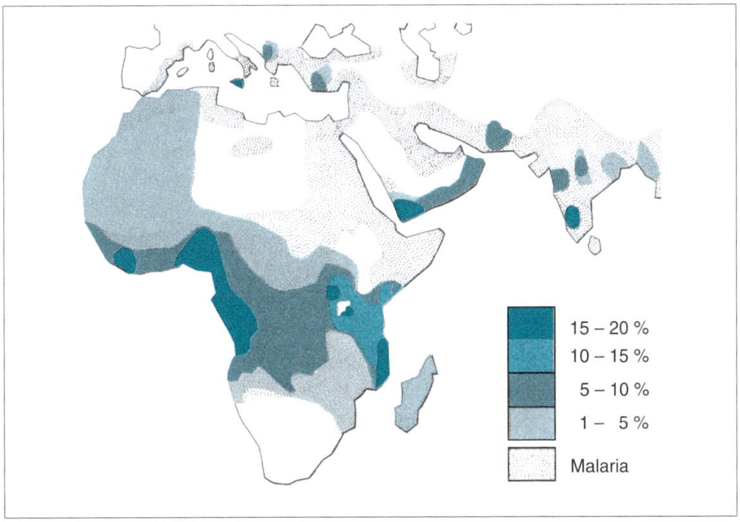

Abb. 69: Vererbung des Sichelzellgens im Vergleich mit Malariagebieten. Schwerpunkte der Sichelzellverbreitung decken sich vor allem in Zentralafrika und in Indien mit den Malariagebieten.

3.3 Die Rekombination – Erweiterung der Variation

Unter **Rekombination** versteht man die verschiedenen Möglichkeiten der Kombination des genetischen Materials durch geschlechtliche Fortpflanzung bzw. durch Gentransfer.

Bei der Meiose ist es dem Zufall überlassen, welches der beiden Chromosomen – das väterliche oder das mütterliche – eines homologen Paares in eine Keimzelle gelangt. Ebenso können die Gene auf einem Chromosom durch Crossing-over zwischen den homologen Chromosomen neu verteilt werden. Schließlich ist es ebenso zufällig, welche zwei Keimzellen bei der Befruchtung zusammentreffen und ein neues diploides Individuum bilden. Wenn mehrere Gene in einer Population in jeweils zwei oder mehreren Allelen vorliegen – und das ist normalerweise der Fall – dann ergeben sich durch Rekombination sehr viele Möglichkeiten der unterschiedlichen Verteilung auf die Keimzellen und damit auf die Nachkommen.

Bereits bei nur 20 heterozygoten Genorten gibt es 2^{20} verschiedene Möglichkeiten unterschiedlicher Genotypen in den Gameten. Die **geschlechtliche Fortpflanzung** hat dadurch einen außerordentlich hohen Anteil an der genetischen Vielfalt (Variation) in einer Population. Wahrscheinlich ist dies der Grund für ihr Vorherrschen gegenüber nicht geschlechtlichen Fortpflanzungsweisen.

In menschlichen Populationen beträgt die mittlere Heterozygotie 6,7 %. Bei einer Gesamtzahl von etwa 30 000 Genen, die Proteine codieren, bedeutet das, dass ein Mensch durchschnittlich in ca. 2 000 Genorten heterozygot ist. Durch die Meiose gelangt jeweils nur der einfache Chromosomensatz in eine Keimzelle. Mit 2 000 heterozygoten Genorten kann ein Mensch $2^{2000} = 10^{602}$ verschiedene Gameten bilden. Diese Anzahl ist im Vergleich zur Erdbevölkerung (etwa 10^{10}) riesig groß. Das bedeutet, dass es normalerweise viel mehr Möglichkeiten unterschiedlicher Genotypen als Individuen in einer Population gibt. Wenn man dabei berücksichtigt, dass die Kopplungsgruppen durch Crossing-over neu kombiniert werden können, ergibt sich eine praktisch unendliche Anzahl an Kombinationsmöglichkeiten der verschiedenen Allele in den Gameten.

Kopplungsgruppe bedeutet, dass nicht alle Gene frei kombiniert werden können, sondern gemeinsam vererbt werden, (da sie auf einem Chromosom liegen).

3.4 Springende Gene

Seit einiger Zeit sind neben den Genen, die an festgelegten Orten auf den Chromosomen liegen, auch bewegliche Nukleinsäuresequenzen bekannt, die wissenschaftlich als **Transposons** bezeichnet werden. Sie können aus dem Genom herausgeschnitten werden oder Kopien von sich erstellen, um dann als freie DNA-Stücke an anderer Stelle des Genoms wieder eingebaut zu werden. Solche „springenden Gene" beeinflussen häufig die Genwirkung ihrer Nachbarschaft und haben dann mutierende Wirkung. Insbesondere können sie Genfunktionen zerstören, wenn sie sich in ein Gen selbst einschleusen und damit die Basensequenz verändern. Die zerstörende Wirkung und die Fähigkeit zur Selbstvermehrung kennzeichnen die Transposons als eine Art Parasiten innerhalb des Genoms. Springende Gene sind von Bakterien bis zu Blütenpflanzen und Wirbeltieren anscheinend universell in Organismen verbreitet. Ihr Anteil an Mutationen ist erheblich; bei Prokaryoten sind z. B. 20–40 % aller Mutationen auf Transposons zurückzuführen.

Transposons (von Transposition = Ortsveränderung) sind innerhalb des Genoms bewegliche genetische Elemente, auch springende Gene genannt.

3.5 Das Ergebnis der genetischen Variabilität: Populationen sind polymorph

Als **Polymorphismus** bezeichnet man die Variation der Individuen einer Population bzw. einer Art.

Die genetische Variation in Populationen drückt sich zwar nicht immer, aber häufig auch phänotypisch aus. Am auffälligsten sind Unterschiede im Farbmuster, wie sie bei dem ostasiatischen Marienkäfer *Harmonia axyridis* auftreten, von dem man über dreißig Farb- und Mustervarianten kennt (Abb. 70).
Auch unsere einheimische Hain-Bänderschnecke *(Cepea nemoralis)* zeigt Varianten, die von ganz ungebänderten Gehäusen bis zu Formen mit fünf dunklen Bändern reichen (Abb. 71). Auch die Gehäusefarbe variiert. Alle diese Varianten sind genetisch bedingt.

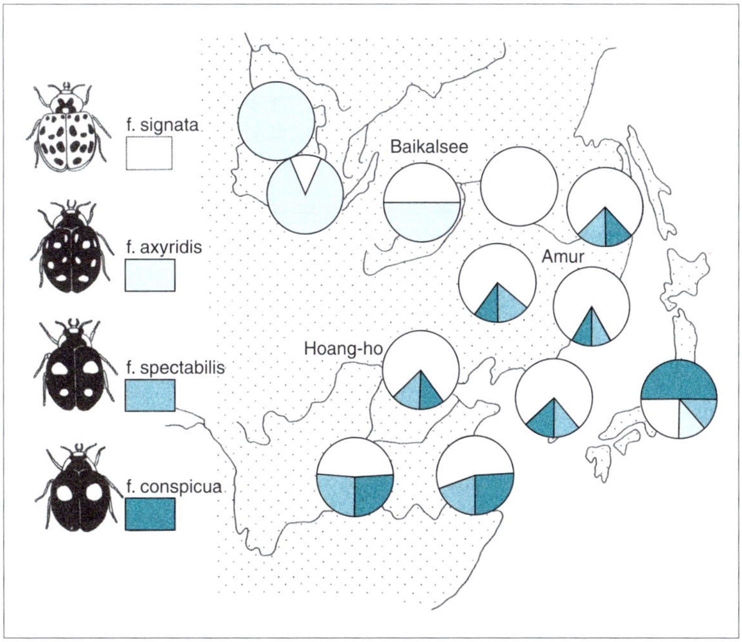

Abb. 70: Polymorphe Population des Marienkäfers *Harmonia axyridis* in Ostasien. Nur zwei der dargestellten Populationen sind nicht polymorph in Bezug auf die Färbung der Tiere: Die Population westlich vom Baikalsee enthält nur *H. a. forma axyridis*, eine Population am Amur nur *H. a. forma signata.* Alle anderen Populationen zeigen unterschiedliche Allelfrequenzen.

Abb. 71: Polymorphismus des Gehäuses bei der Hain-Bänderschnecke.

Gelelektrophorese ist eine Technik zur Auftrennung von Protein- oder Nukleinsäuregemischen. Die Substanzen wandern im elektrischen Feld in einem Gel.

Genetische Variation zeigt sich natürlich auch bei den primären Genprodukten, also den Proteinen. **Proteine** können gelelektrophoretisch untersucht werden. Man entnimmt ein Enzym von vielen Individuen einer Population. In der anschließenden Gelelektrophorese wandern diese Proteine in Abhängigkeit von ihren Ladungseigenschaften, die von den verschiedenen Aminosäuren bestimmt werden, unterschiedlich weit im Gel. Sind Unterschiede in der Aminosäuresequenz des Enzyms vorhanden, dann kann das zu Änderungen der elektrischen Eigenschaften des Moleküls führen, die sich wiederum auf das Wanderungsverhalten in der Elektrophorese auswirken (Abb. 72).

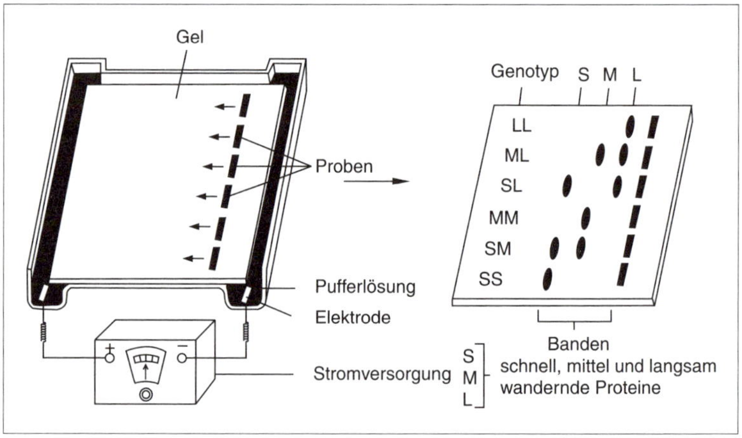

Abb. 72: Technik der Auftrennung von Proteinen mithilfe der Gelelektrophorese.

Damit lassen sich also relativ einfach Unterschiede im Molekülbau eines Proteins nachweisen. Solche Analysen von Populationen zeigen, dass häufig verschiedene genetische Formen desselben Enzyms vorkommen. Man bezeichnet sie als **Allozyme**.

Allozyme sind die von verschiedenen Allelen eines Gens erzeugten Enzymvarianten, die sich geringfügig in ihrer Aminosäure-Sequenz unterscheiden, aber weitgehend die gleiche katalytische Wirkung haben.

Der **phänotypische Polymorphismus** von Populationen ist für die Evolution von entscheidender Bedeutung, da die Selektionskräfte nur am Phänotyp des Organismus ansetzen können. Eine direkte Auslese von Genen ist bisher nicht nachgewiesen worden. Die Eignung eines Gens wird also erst an seinem Produkt geprüft.

4 Selektion – *Survival of the fittest*

Abiotisch sind unbelebte, **biotisch** sind belebte Umweltfaktoren.

Organismen sind in ihrer Umwelt einer Fülle von Einwirkungen ausgesetzt. Abiotische Faktoren wie Temperatur, Feuchtigkeit, Licht, Salzgehalt usw. wirken auf das Individuum ebenso wie biotische Faktoren. Zu Letzteren gehören insbesondere die Konkurrenz, aber auch Krankheiten, Parasitismus und Räuber-Beute-Beziehungen. Darwins revolutionierender Gedanke war, dass diese Umwelteinflüsse sich so auswirken, dass sie aus der hohen Anzahl variierender Nachkommen einer Population die geeignetsten auslesen und zur Fortpflanzung kommen lassen.
Das *„survival of the fittest"* hat zur Folge, dass die Arten optimal an ihre abiotische und biotische Umwelt angepasst sind. Die Selektion bestimmt damit, welche Varianten aus dem Angebot einer Population sich durchsetzen.

Selektion ist die Auslese von Individuen aus einer polymorphen Population durch abiotische oder biotische Faktoren wie Klima, Lebensraum, Nahrung und Konkurrenz.

Woran erkennt man, ob und wie gut ein Organismus an seine Lebensbedingungen angepasst ist? Viele Eigenschaften erscheinen auf den ersten Blick als angepasst – sie scheinen eine Funktion „zweckmäßig" oder sogar „optimal" zu erfüllen. Ein Laubblatt ist flächig ausgebildet und kann so möglichst viel Licht zur Fotosynthese aufnehmen. Ist ein Laubbaum daher besser angepasst als ein Nadelbaum? Eine Schildkröte hat eine längere Lebensdauer als ein Spatz – hat sie damit eine höhere Fitness?

Fitness im evolutionsbiologischen Sinn ist der Beitrag eines Individuums zum Genpool der nächsten Generation, daher auch als **reproduktive Fitness** oder Darwin-Fitness bezeichnet.

Dieser **Bestimmung der Fitness** liegt die einfache Tatsache zugrunde, dass die Selektion sich im unterschiedlichen Überleben und damit in der unterschiedlichen Fortpflanzung von Individuen einer Population ausdrückt. Die Fitness eines Genotyps wird mit w bezeichnet. Der Genotyp mit der höchsten Nachkommenschaft hat die Fitness $w_h = 1$. Jeder andere Genotyp x hat dann eine geringere Fitness:

$$w_x = \frac{\text{Nachkommenschaft x}}{\text{Nachkommenschaft h}}.$$

4.1 Beispiele für Selektion

Melanin ist ein dunkelbrauner Farbstoff.

Industriemelanismus als Beispiel für einen abiotischen Selektionsfaktor

Aufgrund der langen Zeiträume, in denen sich evolutive Vorgänge abspielen, sind die Möglichkeiten der direkten Beobachtung von natürlichen Selektionsprozessen sehr eingeschränkt. Ein sehr gut belegtes Beispiel ist der **Industriemelanismus**. In Populationen mehrerer verschiedener, nicht verwandter Schmetterlingsarten wurde in den letzten hundert Jahren ein vermehrtes Auftreten schwarz gefärbter (melanistischer) Formen beobachtet. Ursprünglich waren die Schmetterlinge weißlich oder blassgrau. Die dunklen Formen wurden vor allem in den stark industrialisierten Gebieten wie Birmingham und Ruhrgebiet beobachtet, in denen der Ruß die Baumstämme dunkel verfärbt. Die Hypothese, dass es sich hier um eine Selektion durch Fressfeinde handelt, die die hellen Formen auf den dunklen Baumstämmen leichter erkennen und damit stärker bejagen als die melanistischen, konnte durch eine Reihe von Experimenten erhärtet werden.

In einer Versuchsreihe in England wurden Tausende von markierten Birkenspannern beider Farbvarianten freigelassen. Nach einiger Zeit wurden mithilfe von Fallen die Schmetterlinge wieder eingefangen. Die Auswertung ergab, dass in Industriegebieten nur 13 % der ursprünglich ausgesetzten hellen, aber 27 % der dunklen Tiere wieder eingefangen wurden. In einem industriefreien Gebiet wurden dagegen 14,6 % der hellen und nur 4,7 % der dunklen Tiere wieder gefangen. Zusätzlich wurde die unterschiedliche Bejagung der Falter durch ihre Fressfeinde beobachtet und gefilmt. Dieses Beispiel zeigt eindrücklich, wie die Änderung in den Umweltbedingungen innerhalb von kurzer Zeit eine Änderung in den Populationen aufgrund der natürlichen Auslese zur Folge hatte (Abb. 73).

Dabei ist bemerkenswert, dass auch schon vor der Industrialisierung gelegentlich melanistische Formen bei diesen Schmetterlingsarten beobachtet wurden. Kreuzungsversuche haben ergeben, dass der Schwarzfärbung ein dominantes Allel zugrunde liegt. Da dominante Anlagen immer phänotypisch in Erscheinung treten, unterliegen sie einer direkten Einwirkung der Selektion und verschwinden sehr schnell bei negativen Umweltbedingungen. Das zeigt sich auch daran, dass mit zunehmendem Emissionsschutz und damit geringerem Rußausstoß die Zahl der dunklen Birkenspanner wieder deutlich rückläufig ist.

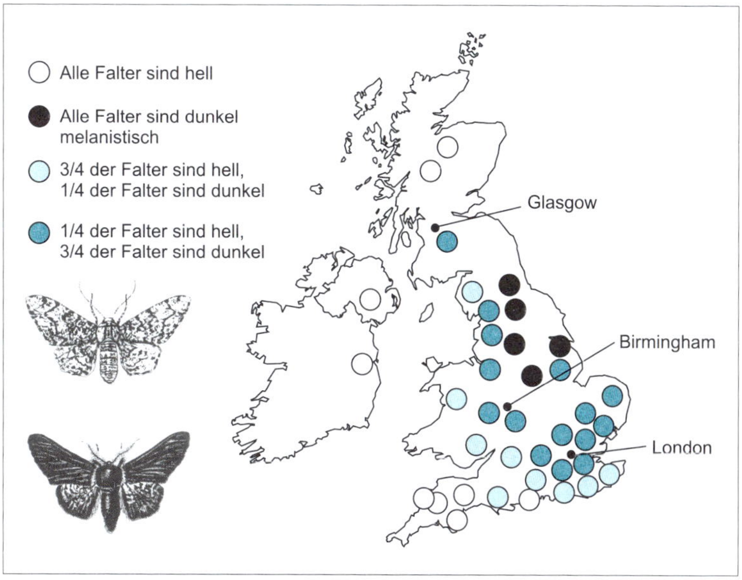

Abb. 73: Helle und dunkle (melanistische) Form des Birkenspanners. Rechts: Karte der Verbreitung beider Formen in Populationen in Großbritannien.

Sexualdimorphismus als Beispiel für einen biotischen Selektionsfaktor

Bei vielen Tierarten unterscheiden sich Männchen und Weibchen deutlich voneinander. Insbesondere bei Vögeln sind die Männchen oft auffallend bunt gefärbt, während die Weibchen eher schlicht erscheinen. Auch im Gesang unterscheiden sie sich, gewöhnlich singen nur die Männchen. Bei vielen Wirbeltieren ist das Männchen größer als das Weibchen und mit besonderem Schmuck wie Mähne oder Geweih versehen (Löwe, Hirsch, Seelöwe). Bei wirbellosen Tieren (Insekten, Würmer) sind oft die Weibchen größer als die Männchen. Diese Erscheinung nennt man **Sexualdimorphismus**.

Sexualdimorphismus ist die unterschiedliche phänotypische Ausbildung der sekundären Geschlechtsmerkmale von Männchen und Weibchen einer Art.

Schon Darwin erklärte die Evolution solcher auffallenden Merkmale im männlichen Geschlecht mit der Selektion durch den Geschlechtspartner. Das kann so erfolgen, dass diese Merkmale Auslöser in der Balz darstellen.

Je stärker die auslösenden Reize sind, umso größere Chancen der Paarung hat ein Männchen, d. h. es gibt mit größerer Wahrscheinlichkeit seine Gene an Nachkommen weiter und vererbt damit auch seinen Phänotyp. Mit diesem Erklärungsansatz sind auch solche extremen Erscheinungen wie das Pfauenrad oder der Gefiederschmuck von Paradiesvögeln verständlich (Abb. 74). Andererseits kann die Konkurrenz um ein Weibchen auch zu einer Selektion unter den Männchen führen, z. B. beim Kampf um Weibchen oder Reviere. Auch in diesem Zusammenhang haben sich oft extreme Strukturen wie das 3 m ausladende Geweih des ausgestorbenen Riesenhirsches oder die große, zur Nahrungsaufnahme ungeeignete Schere der Winkerkrabben gebildet (Abb. 75).

Abb. 74: Sexualdimorphismus bei der afrikanischen Schmalschwanz-Paradieswitwe. Oben Weibchen, unten Männchen. Die Unterschiede im Erscheinungsbild treten nur während der Brutsaison auf.

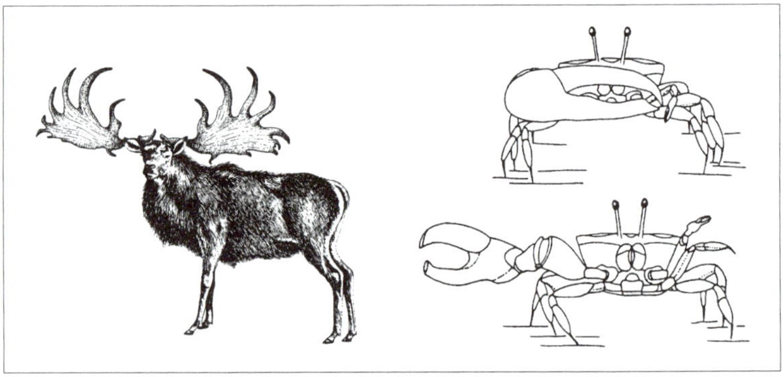

Abb. 75: Ausgestorbener Riesenhirsch, Winkerkrabbe von den Fidschi-Inseln.

→ Ritualisierung siehe S. 23

Hier haben sich Organe durch Ritualisierung zu übernormalen Reizen entwickelt, die durch Drohen und Imponieren dem Träger Vorteile verschaffen, ohne dass es zum echten Kampf kommen muss.

Ein **Grund für den Sexualdimorphismus** liegt in dem Unterschied in der Größe der Gameten beider Geschlechter: das Weibchen bringt wenige große Eier hervor, das Männchen viele kleine Spermien. Das

Weibchen „investiert“ aber nicht nur mehr Material in die Nachkommenschaft, es ist gewöhnlich auch für die Brutpflege und Aufzucht verantwortlich. Männchen haben also mehr Zeit und mehr Geschlechtszellen für die Fortpflanzung zur Verfügung. Weibchen stellen damit eine begrenzte Ressource dar, und der Konkurrenzkampf um fortpflanzungsfähige Weibchen ist somit ein wichtiger Selektionsfaktor.

4.2 Die Wirkungsweisen der Selektion

Oft zeigt sich die Verteilung der unterschiedlichen Ausprägungen eines polymorphen Merkmals in einer charakteristischen Häufigkeitsverteilung, wie sie z. B. im Diagramm der Körpergröße von Menschen dargestellt ist (Abb. 76). Daher kann je nach Umweltbedingungen die Selektion unterschiedliche Wirkung haben (Abb. 77).

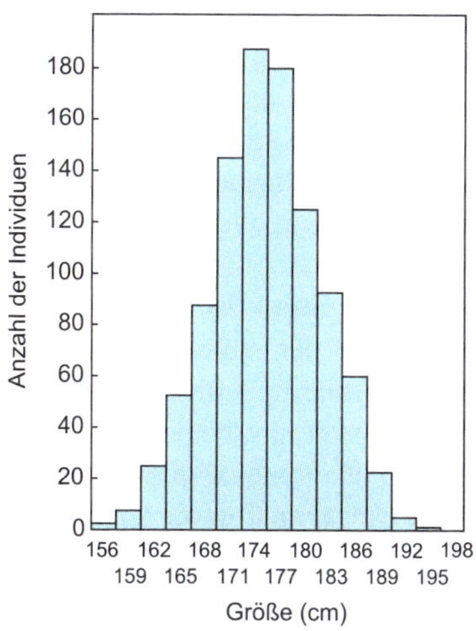

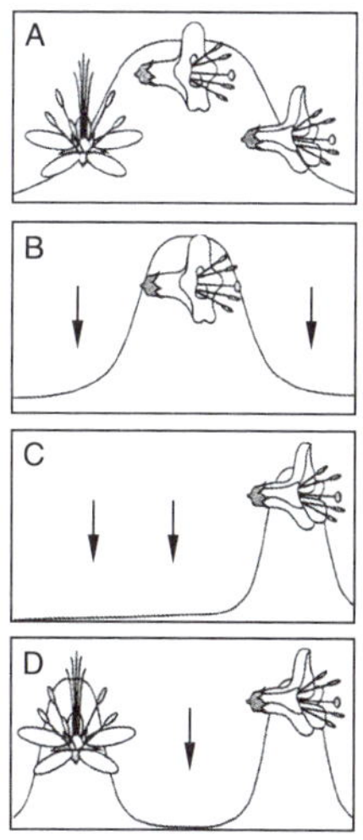

Abb. 76: Größenverteilung bei 1 000 Studenten zwischen 18 und 25 Jahren.

Abb. 77: (A) Normale Häufigkeitsverteilung einer Modellblüte: Die verwachsenkronblättrige Form ist die häufigste, die freikronblättrigen und die zweiseitig-symmetrischen Formen sind gering vertreten. (B–D) Verschiedene Selektionswirkungen.

Stabilisierende Selektion

Stabilisierende Selektion liegt vor, wenn die Selektion die vorherrschende Form innerhalb der Variationsbreite einer Population begünstigt.

In einer gut angepassten Population werden die stärker abweichenden Phänotypen eine geringere Fitness haben und daher eher durch Selektion verschwinden als die normale (häufigste) Form. Die normale Form wird also durch die Selektion erhalten, man bezeichnet diesen Vorgang als **stabilisierende Selektion** (Abb. 77 B). In England wurde ein Experiment mit Nachtfaltern durchgeführt, das die Wirkung einer stabilisierenden Selektion verdeutlicht: aus einer Population des rotflügeligen Schönbärs (Abb. 78) wurden Tiere mit bleichen Flügeln herausgezüchtet. Nach vielen Generationen entstand ein bleichflügeliger Stamm, in dem nur noch wenige Allele für rote Flügelfarbe vorhanden waren. Dieser Stamm wurde in einem eigenen Gebiet freigesetzt, wo er sich über Jahre weiter vermehrte. Nach wenigen Jahren hatte sich die ursprüngliche rote Flügelfarbe wieder voll durchgesetzt. Offensichtlich ist das Merkmal selektionsbegünstigt und wird auch bei extremer Abweichung der Population wieder stabilisiert.

Abb. 78: Schönbär.

Transformierende Selektion

Selektionsdruck ist der gesamte Einfluss, den Selektionsfaktoren auf eine Population ausüben.

Bei **transformierender Selektion** wird eine in geringer Zahl innerhalb der Variationsbreite einer Population vorliegende Form begünstigt, sodass im Laufe von Generationen diese Form zur häufigsten wird.

Bei Änderungen in den abiotischen oder den biotischen Gegebenheiten und damit Änderungen des **Selektionsdruckes** werden dagegen Phänotypen bevorzugt, die bisher nur selten in der Population vertreten waren. Die Phänotypenhäufigkeit verschiebt sich damit in Richtung dieser Formen: **transformierende Selektion** (Abb. 77 C).

Das Beispiel des Industriemelanismus (S. 88 f.) zeigt eine zweimalige Transformation: Mit zunehmender Industrialisierung wurden zunächst die melanistischen Formen der Falterpopulationen bevorzugt, später konnte durch Umweltschutzmaßnahmen der Flechtenbewuchs gebietsweise wieder zunehmen, und die hellen Falter hatten wieder bessere Überlebenschancen.

Die **disruptive Selektion** begünstigt zwei extreme Formen innerhalb der Variationsbreite einer Population.

Disruptive Selektion

Von einer **aufspaltenden** (disruptiven) **Selektion** spricht man schließlich in den Fällen, wo die häufigsten Formen zurückgedrängt werden und zwei extreme Phänotypen vorherrschend werden (Abb. 77 D). Ein Ergebnis aus der Pflanzenzüchtung kann diese disruptive Selektionswirkung verdeutlichen: Durch künstliche Auslese aus einer Maispopulation über viele Generationen konnte man eine Maissorte mit hohem und eine mit niedrigem Ölgehalt züchten. Während die stabilisierende Selektion die bestehenden Allelfrequenzen des Genpools einer Population erhält, wird durch die transformierende und disruptive Selektionswirkung die Allelfrequenz verändert. Hier findet also im Laufe von Generationen eine schrittweise Veränderung statt.

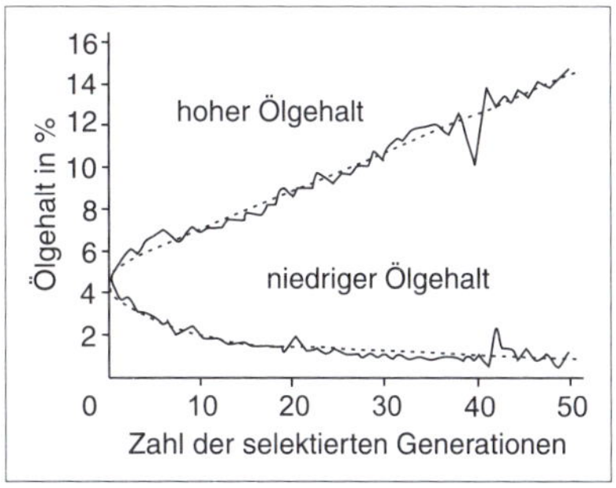

Abb. 79: Maissorten mit genetisch fixiertem Ölgehalt.

4.3 Fitness und die Evolution sozialer Verhaltensweisen

Altruistische Verhaltensweisen sind gruppendienliche Verhaltensweisen.

Infantizid: Kindstötung

Die **Soziobiologie** untersucht Verhaltensweisen in Hinsicht auf ihre evolutionäre Entstehung und ihre Fitness.

Ethologie: Verhaltenslehre, sie erforscht die unmittelbaren Ursachen von Verhaltensweisen wie z. B. auslösende Reize. Solche Ursachen nennt man **proximat**.

Als **ultimat** bezeichnet man Faktoren, die die Fitness und damit die Evolution von Eigenschaften bzw. Verhaltensweisen betreffen.

Einige im Tierreich weitverbreitete Verhaltensweisen haben die Selektionstheorie vor besondere Herausforderungen gestellt. Dazu gehört insbesondere altruistisches Verhalten, bei dem ein Tier seine eigene Fortpflanzung zugunsten von Artgenossen einschränkt oder ganz darauf verzichtet, oder auch der Infantizid. Die Wissenschaft, die sich mit diesen Fragen beschäftigt, ist die **Soziobiologie**. Im Unterschied zur klassischen Ethologie steht bei der Soziobiologie die evolutionäre oder **ultimate Fragestellung** im Vordergrund: Sie fragt nach dem Fitness-Vorteil bestimmter Verhaltensweisen. **Fitness** im evolutionsbiologischen Sinn ist der Beitrag eines Individuums zum Genpool der nächsten Generation.

Danach hätte ein Tier, das keine Nachkommen erzeugt, die Fitness $w = 0$. Genau dies ist z. B. der Fall bei den in Insektenstaaten häufig auftretenden sterilen Arbeitern und Soldaten. Wie können Strukturen und Verhaltensweisen in einer Art erhalten bleiben, wenn sich ihre Träger gar nicht fortpflanzen, ihre Gene also nicht weitergeben können?

Eine Lösung für diese Problemfälle wurde durch genauere Untersuchung der Verwandtschaftsverhältnisse gefunden. Bei altruistischem Verhalten werden gewöhnlich nah Verwandte gefördert, die dadurch einen höheren Fortpflanzungserfolg haben. Nahe Verwandtschaft bedeutet aber, dass ein großer Teil der Gene mit denen des Helfers übereinstimmen. Durch dieses Verhalten werden also letztlich doch die Gene des Helfers weiter in die nächste Generation eingebracht; damit bleibt die Verhaltensweise weiterhin erhalten. Es ist für die Existenz altruistischer Verhaltensweisen ohne Bedeutung, dass der Träger dieser Eigenschaften nicht selber die entsprechenden Gene weitergeben kann. Über nahe Verwandte, die sich fortpflanzen können, werden auch diese Gene weitervererbt. Man bezeichnet diesen Prozess als **Verwandtenselektion** und kann damit auch dem sich nicht fortpflanzenden Individuum eine **indirekte Fitness** zuschreiben, die sich auf das Überleben von Verwandten bezieht. Nach diesem Lösungsansatz kommt dem Individuum eine **Gesamtfitness** ***(inclusive fitness)*** zu, die sich zusammensetzt aus der direkten eigenen Nachkommenschaft plus dem Anteil eigener Anlagen in dem Nachwuchs von Verwandten. Das Prinzip der *inclusive fitness* ist außerordentlich wichtig, da es die Evolution altruistischer Eigenschaften durch Selektion erklären kann.

Verwandtenselektion ist die Selektion für ein Verhalten, das die Fortpflanzungswahrscheinlichkeit eines Individuums vermindert, aber gleichzeitig die von Verwandten erhöht.

Mit **Gesamtfitness** *(inclusive fitness)* bezeichnet man die Fitness, die sich aus der Summe des eigenen Reproduktionserfolgs eines Individuums zusammen mit der aus der Weitergabe eigener Gene durch Verwandte erzielten Fitness ergibt.

Diese soziobiologische Betrachtungsweise wurde so weit getrieben, dass sie unsere gewohnte Sichtweise geradezu auf den Kopf stellt. Nicht der Organismus, das Individuum steht im Zentrum der Betrachtung, sondern das Gen. Das Individuum ist nur eine vorübergehende Ausgestaltung, die der Weiterbeförderung und dem Erhalt der Gene dient. Einige Wissenschaftler sprechen in etwas vermenschlichender Form vom „Egoismus der Gene“.

4.4 Beispiele für den soziobiologischen Erklärungsansatz

Altruismus – Hilfeleistung beim Brutgeschäft

Graufischer *(Ceryle rudis)* sind mit unserem einheimischen Eisvogel verwandt. Sie nisten in Kolonien, in Löchern, die sie in Steilwände graben. In einer Kolonie am Naivashasee in Ostafrika wurde beobachtet, dass die brütenden Paare oft von einem **Helfer** unterstützt werden, der immer ein männlicher Nachkomme des Paares ist. Die Hilfe besteht in erster Linie in der Nahrungsbeschaffung für die Brut.

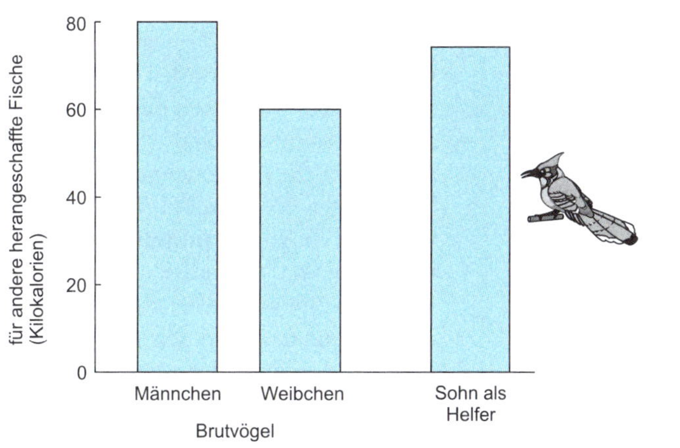

Abb. 80: Altruismus beim Graufischer: der Beitrag des Helfers zur Aufzucht seiner Geschwister.

Da der Helfer zumindest während dieser Saison auf die Aufzucht eigener Nachkommen verzichtet, stellt sich die Frage nach dem evolutionären Vorteil des Helferverhaltens. Beobachtungen zeigen, dass die brütenden Weibchen einer hohen Sterblichkeit durch Fressfeinde unterliegen und damit nicht jedes Männchen einen Partner findet (Geschlechterverhältnis W : M der erwachsenen Tiere 1 : 1,8).
Junge Männchen bleiben am elterlichen Nest und helfen bei der Aufzucht von Geschwistern. Da die Eltern an jedes Kind ihren halben Chromosomensatz weitergeben (Meiose!), ist die Wahrscheinlichkeit, dass Geschwister die gleichen Erbanlagen haben, 50 % oder 0,5. Das helfende Männchen fördert also auch die Weitergabe zumindest von 50 % seiner eigenen Gene mit der Aufzucht der Geschwister.
Sein altruistisches Verhalten zahlt sich insgesamt durch den höheren Fortpflanzungserfolg der Eltern aus, da mit einer größeren Anzahl von Geschwistern auch die Gene des Helfers weitergegeben werden.

Arterhaltung oder Individualselektion? – Das Beispiel Kindstötung

Ein Löwenrudel in der Serengeti besteht aus bis zu einem Dutzend Weibchen, die alle miteinander verwandt sind, einem oder wenigen Männchen und den Jungtieren. Die dreijährigen Männchen verlassen gewöhnlich das Rudel und versuchen nach einigen Jahren des Nomadisierens, sich die Herrschaft über ein anderes Rudel zu erkämpfen. Hier bleiben sie zwei bis drei Jahre, bis sie ihrerseits wieder von jüngeren Männchen vertrieben werden. Im Gegensatz zu den Weibchen, die im Alter zwischen 4 und 18 Jahren fortpflanzungsfähig sind, ist die Fortpflanzungszeit der Männchen mit ca. 3 Jahren relativ kurz. Männchen, die ein Rudel neu übernehmen, töten oft die vorhandenen Jungtiere (**Infantizid**). Das Töten von Artgenossen scheint evolutionstheoretisch widersinnig, da ja dadurch die Zahl der Artmitglieder verringert wird und die Art somit geschwächt wird. Konrad Lorenz nahm die bei Wölfen und Hunden zu beobachtende Tötungshemmung als zentrale arterhaltende Funktion an und deutete solche Erscheinungen von Kindstötung als krankhaftes Fehlverhalten. Diese Ansicht der klassischen Ethologie hat sich als unhaltbar erwiesen. Löwinnen sind nach der Geburt von Jungen über zwei Jahre lang nicht fortpflanzungsfähig. Die Folge des Infantizids bei Löwen ist, dass die Weibchen sehr viel schneller (nach 9 Monaten) wieder fortpflanzungsfähig werden. Die Möglichkeit der neuen Männchen, eigene Nachkommen in den ca. drei Jahren ihrer Rudelführung zu zeugen, steigt damit erheblich. Männchen, die sich so verhalten, haben also eine höhere reproduktive Fitness, die Selektion begünstigt den Infantizid.

Abb. 81: Infantizid: Löwenmännchen mit getötetem Jungen seines Vorgängers.

Konrad Lorenz (1903–1989) war Mitbegründer der vergleichenden Verhaltensforschung (Ethologie).

An diesem Beispiel wird besonders deutlich, dass die Selektion immer am Individuum stattfindet, nicht aber an der Art, wie Lorenz meinte.

Wie vermehren sich fortpflanzungsunfähige Tiere? – Das Beispiel Arbeiterin im Bienenstaat

Ein großes Problem der Selektionstheorie stellen die in vielen Insektenstaaten (Bienen, Ameisen, Termiten) vorkommenden Kasten von nicht fortpflanzungsfähigen Arbeiterinnen und Soldaten (Abb. 82) dar.

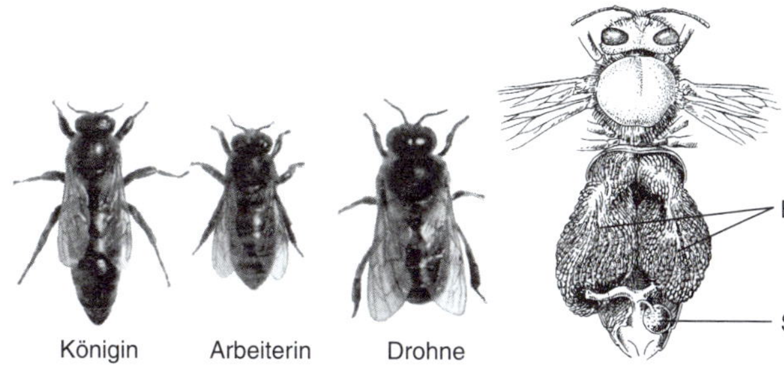

Abb. 82: Die Kasten im Bienenstaat; rechts: geöffneter Hinterleib einer Königin mit den riesigen Eierstöcken E und der Sammelblase für Spermien S.

Die Männchen im Bienenstaat heißen **Drohnen**.

Im Bienenstaat lebt eine Königin, die als einziges Weibchen fortpflanzungsfähig ist. Sie wird einmal auf dem Hochzeitsflug begattet und kann die Spermien mehrere Jahre in einer Sammelblase aufbewahren. Bei der Eiablage kann ein Ei befruchtet werden, daraus entwickelt sich entsprechend ein diploides Tier. Dieses Tier wächst zu einer sterilen Arbeiterin heran; wird es jedoch in einer größeren Zelle mit speziellem Futter aufgezogen, wird es eine Königin. Die Königin legt auch unbefruchtete Eier, aus denen sich Drohnen entwickeln. Die Männchen sind haploid und haben nur einen mütterlichen Chromosomensatz geerbt. Daraus ergeben sich bemerkenswerte Schlussfolgerungen: Eine Arbeiterin erhält 50 % der mütterlichen Gene, aber die gesamten Gene des Vaters. Alle Schwestern im Bienenstock haben daher dieselben väterlichen Gene und stimmen in den mütterlichen Genen mit 50 % Wahrscheinlichkeit überein. Das macht sie insgesamt zu 75 % genetisch identisch ($1/2 \times 100\,\% + 1/2 \times 50\,\% = 50\,\% + 25\,\% = 75\,\%$). Die Königin ist mit ihren Söhnen und Töchtern nur zu 50 % genetisch identisch, da sie jeweils nur den halben Chromosomensatz weitervererbt. Wenn die Arbeiterinnen also bei der Aufzucht von fortpflanzungsfähigen Schwestern helfen, investieren sie ihre Arbeit in die Weitergabe von 75 % ihres eigenen Erbguts; wenn sie eigene Kinder hätten, würden sie ihr Erbgut nur zu 50 % weitergeben.

5 Die Gendrift

→ ideale Population siehe S. 76

Eine wichtige Voraussetzung der idealen Population von Hardy und Weinberg ist die Annahme einer Populationsgröße, die zufällige Schwankungen in der Genhäufigkeit ausschließt. Bei kleineren Populationen ist aber die Wahrscheinlichkeit einer zufälligen Änderung der Genfrequenz groß, wie eine einfache Modellrechnung zeigt. Angenommen, das Allel a sei nur mit 1 % Häufigkeit vertreten ($p_a = 0{,}01$), dann ergibt sich bei unterschiedlicher Populationsgröße:

	Population I = 5 000 diploide Individuen	**Population II = 50 diploide Individuen**
Frequenz des Allels a $p_a = 0{,}01$	100 Allele, verteilt auf heterozygote und homozygot-rezessive Individuen	1 Allel in einem heterozygoten Individuum

Tab. 6: Das Auftreten von Allelen in unterschiedlich großen Populationen.

In Population II wird bei der Paarung des heterozygoten Individuums mit einem anderen das Allel a nur mit 50 % Wahrscheinlichkeit weitergegeben, d. h. es kann zufallsbedingt ganz aus der Population verschwinden. Bei Population I wären wesentlich mehr Individuen Träger des Allels a, die Wahrscheinlichkeit seines Verschwindens aus der Population wäre daher sehr viel geringer.

Die zufällige Änderung der Allelhäufigkeit in einer kleinen Population bezeichnet man als **Gendrift**, bzw. nach dem Entdecker dieses Vorgangs als Sewall-Wright-Effekt.

Unter **Inzucht** versteht man die Paarung zwischen genetisch eng verwandten Individuen.

Aufgrund der mit der Verkleinerung der Population zunehmenden **Inzucht** kommt es zu weiteren Auswirkungen auf den Genpool: Die Homozygotie nimmt zu und seltene Allele verschwinden ganz aus der Population. Gendrift kann damit schon ohne Selektion zu einer zufälligen, ungerichteten Veränderung des Genpools und damit zu Evolution führen.
Kleine Populationen können auf unterschiedliche Weise entstehen, wie die beiden folgenden Beispiele zeigen.

Gründerpopulation

→ Darwinfinken siehe S. 39

Wenige Individuen, die von ihrem ursprünglichen Verbreitungsgebiet auswandern und z. B. eine Insel neu besiedeln, bezeichnet man als **Gründerpopulation**. Eine kleine Anzahl Finken gelangte vermutlich vom südamerikanischen Kontinent auf die 1 000 km entfernten Galapagosinseln, vielleicht vom Sturm getrieben. Sie brachten aufgrund ihrer geringen Anzahl nur einen Bruchteil des Genpools ihrer Ausgangspopulation mit. Welche Allele sich darunter befanden, war rein zufällig.

Ein genauer untersuchtes Beispiel für einen Gründereffekt betrifft die Bewohner der südatlantischen Insel Tristan da Cunha. 1814 wurde diese britische Kolonie von 15 Menschen gegründet, von denen einer ein rezessives Allel für eine zur Erblindung führende Netzhauterkrankung trug. 150 Jahre später lebten 240 Nachkommen dieser Siedler auf der Insel, von denen 4 homozygot und mindestens 9 heterozygot das Allel besaßen. Von den insgesamt 480 Genen waren demnach mindestens 17 rezessive Allele, wobei dieser Anteil von 3,5 % weit über der Frequenz desselben Allels in der Ursprungspopulation der Siedler in England liegt.

Flaschenhalseffekt

Ähnliche Wirkungen können eintreten, wenn Populationen durch äußere Einflüsse wie Klimabedingungen oder Nahrungsverknappung stark verkleinert werden. Auch hierbei bleiben zufällig Allele mit den Überlebenden erhalten, andere verschwinden zufällig mit dem Tod ihrer Träger aus der Population. Man bezeichnet solche Populationsveränderungen als „**Flaschenhalseffekt**“.

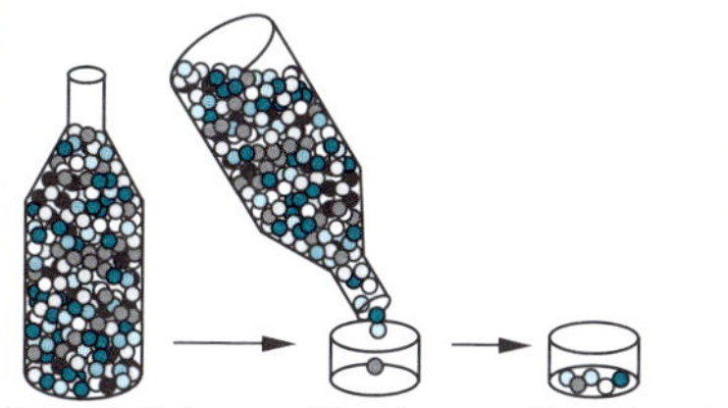

Abb. 83: Gendrift: Modell des Flaschenhalseffekts.

Zusammenfassung

Die **Soziobiologie** geht von der Frage der Bedeutung von Verhaltensweisen für die Fitness der Individuen aus (ultimate Fragestellung). Zur Erklärung altruistischer wie auch gegen die eigene Art gerichteter Verhaltensweisen führt sie die Verwandtenselektion bzw. Selektionsvorteile für das Individuum an. Bei der Weitergabe eines Gens an die nächste Generation zählt nur der Erfolg, unabhängig davon, ob das Individuum selbst oder ein verwandtes Tier dieses Gen weitergibt. Aus der Summe der Verwandtenselektion und der eigenen Fitness ergibt sich die Gesamtfitness.

Genetische Variabilität

In Populationen liegen viele Gene in mehreren Allelen vor.
Individuen haben aufgrund von Mutationen und
Rekombinationen unterschiedliche Genotypen.

Polymorphismus der Population

Die genetische Vielfalt tritt auch phänotypisch in Erscheinung.

Selektion

Biotische und abiotische Faktoren wirken auf die Phänotypen ein.

Die Individuen besitzen **unterschiedliche Fitness**, dadurch

selektionsbedingte

Gendrift

Verkleinerung von Populationen

Gründereffekt
Flaschenhalseffekt, dadurch

zufallsbedingte

Änderung der Allelfrequenzen im Genpool einer Population
= EVOLUTION

Das Zusammenwirken der Evolutionsfaktoren

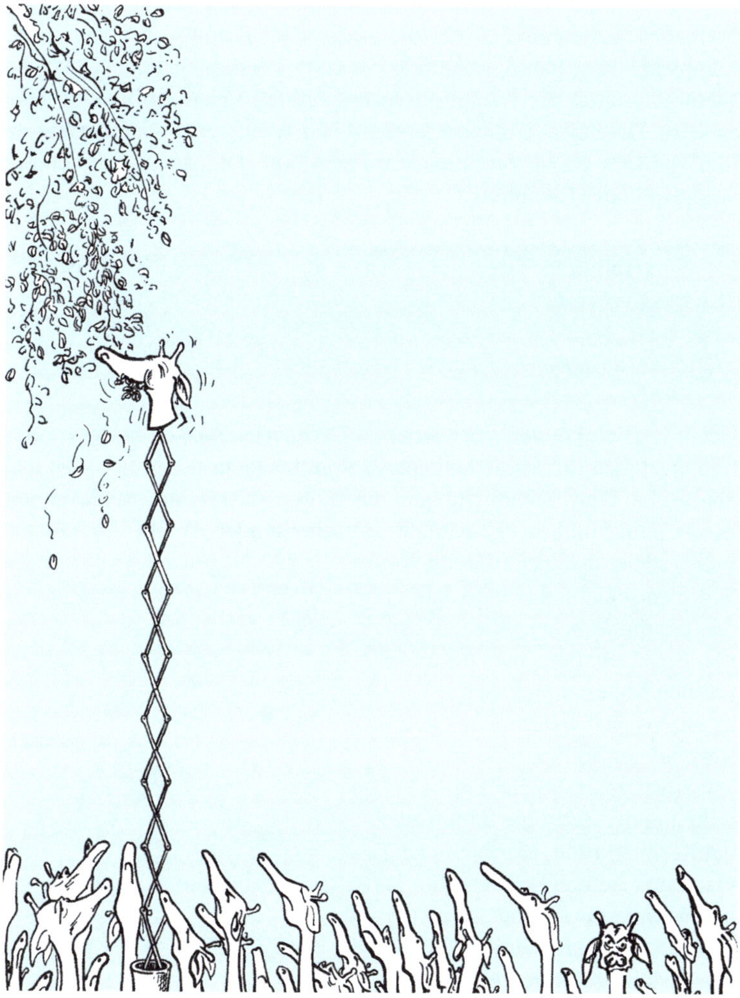

„Durch welche Mechanismen entstanden die Unterschiede zwischen Familien, Ordnungen, Klassen und Stämmen? Nur wenige Probleme der Evolution wurden derart endlos debattiert oder waren so schwierig zu lösen.“
D. J. Futuyma, *Evolutionsbiologie*, 1990

1 Die Theorie der Artbildung

Ernst Mayr (geb. 1904–2005) war wesentlich an dem Ausbau der Synthetischen Evolutionstheorie beteiligt.

Der Zoologe Ernst Mayr fasste die Bedeutung der Artbildung folgendermaßen zusammen: „Artbildung, die Produktion von neuen Genkomplexen, die ökologische Veränderungen ertragen können, ist die Methode, durch die Evolution voranschreitet. Ohne Artbildung gäbe es keine Diversifizierung der organischen Welt, keine adaptive Radiation und sehr wenig evolutionären Fortschritt. Die Art ist folglich der Grundstein der Evolution.“

Unter **Artbildung** (Speziation) versteht man die Entstehung von genetischen Barrieren gegen den Genaustausch zwischen Populationen. Erst durch eine solche Barriere ist eine Population gegen die andere fortpflanzungsmäßig abgegrenzt und damit eine neue Art.

→ Biospezies-Definition siehe S. 9

Grundsätzlich können neue Arten auf zweierlei Weisen in der Evolution entstehen. Im Laufe längerer Zeiträume ändern sich biotische und abiotische Umweltbedingungen, als Folge davon ändern Arten ihr Erscheinungsbild in allmählich fortschreitender Weise. In einigen Fällen gleichmäßiger Bildung von Sedimentschichten konnte man den kontinuierlichen Wandel von Eigenschaften einer Art am fossilen Material praktisch lückenlos nachweisen, wie das Beispiel der Süßwasserschnecke *Viviparus* zeigt. Solche Formenreihen in der Zeitfolge führen zu dem – ungelösten – Problem, ab wann im Laufe dieser evolutionären Änderungen von einer neuen Art zu sprechen ist. Die Biospezies-Definition kann nicht angewandt werden, da die Vergleichsart nicht mehr existiert, sie hat sich ja zu der nachfolgenden „Art“ entwickelt. Die Abgrenzung von Arten innerhalb einer in der Zeit ablaufenden **Artumwandlung** muss notgedrungen willkürlich bleiben. Zudem entstehen dabei auch nicht mehr Arten.

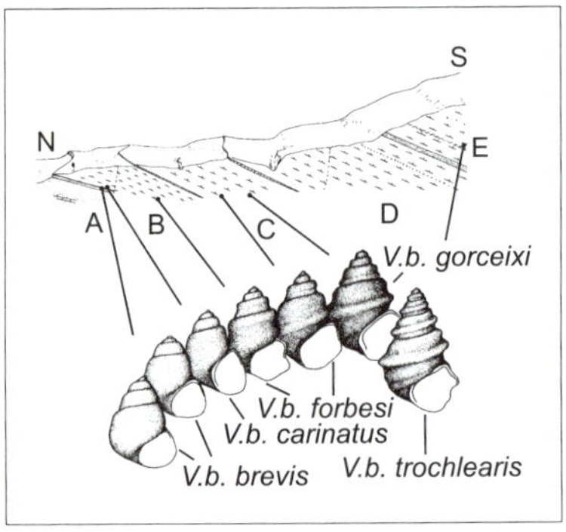

Abb. 84: Artumwandlung der Süßwasserschnecke *Viviparus brevis.*

Artumwandlung: allmähliche, über viele Generationen stattfindende Veränderung einer Art, ohne dass es zu einer Artaufspaltung kommt.

Allopatrisch bedeutet räumlich getrenntes Vorkommen, **sympatrisch** sind Populationen in einem gemeinsamen Verbreitungsgebiet.

Die Entstehung der Artenvielfalt setzt dagegen eine **Artaufspaltung** voraus, bei der aus einer Ursprungsart zwei oder mehrere neue Arten entstehen. Man unterscheidet zwei Möglichkeiten, wie es zur Artaufspaltung kommen kann: die **allopatrische** und die **sympatrische Artbildung**, wobei der ersten Form die größte Bedeutung zukommt.

1.1 Die allopatrische Artbildung

→ Genfluss siehe S. 78

Die allopatrische Form der Artbildung (Abb. 85) ist bei Weitem die häufigste und wichtigste. Die Theorie geht davon aus, dass innerhalb einer Population aufgrund des Genaustauschs zwischen allen Mitgliedern bei geschlechtlicher Fortpflanzung normalerweise keine Fortpflanzungsbarrieren entstehen können. Auch zwischen verschiedenen Populationen einer Art besteht gewöhnlich ein Genaustausch, z. B. durch Tierwanderungen oder durch Pollenflug bei windbestäubten Pflanzen. Man bezeichnet diesen Genaustausch zwischen Populationen als **Genfluss**.

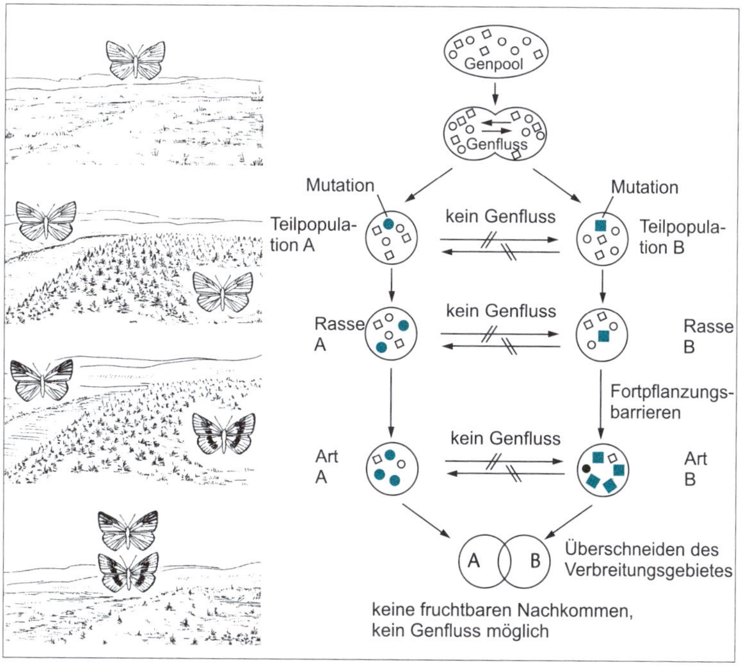

Abb. 85: Modell und theoretisches Schema der allopatrischen Artbildung.

Bei der **allopatrischen Artbildung** entstehen Fortpflanzungsbarrieren in räumlich getrennten (separierten) Populationen einer Ursprungsart.

Damit sich zwei verschiedene Populationen einer Art unterschiedlich entwickeln und letztlich zu zwei neuen Arten umbilden, muss der Genfluss zwischen ihnen unterbrochen werden. Bei der allopatrischen Artbildung geschieht dies durch eine zufällige räumliche Trennung der Populationen, die man als **Separation** bezeichnet. Diese Trennung ist zunächst rein geografisch zu verstehen, die getrennten Populationen gehören noch zur selben Art.

Beispiele für Separation

→ Biogeografie siehe S. 38 ff.

→ Gründerpopulation siehe S. 99

Klassische Beispiele für Separation sind in der Besiedlung ozeanischer Inseln gegeben. Auf den weit von Kontinenten entfernt liegenden Inselgruppen von Galapagos und Hawaii bildeten jeweils wenige, vom Sturm zufällig dorthin getragene Vogelgruppen die Ausgangspopulation für die Besiedlung. Diese Gründerpopulationen waren damit räumlich vollständig von ihrer Ursprungspopulation getrennt, sodass kein Genfluss mehr stattfand.
Separation kann auch die Folge klimatischer Änderungen sein. In unseren Breiten war während der Eiszeiten das Klima so verändert, dass durch die Vergletscherung viele Populationen auswanderten und in westliche, südliche und östliche Teilpopulationen aufgespalten wurden. Aus einer solchen Separation sind die allopatrischen, nahe verwandten Arten Nachtigall und Sprosser entstanden (Abb. 86).

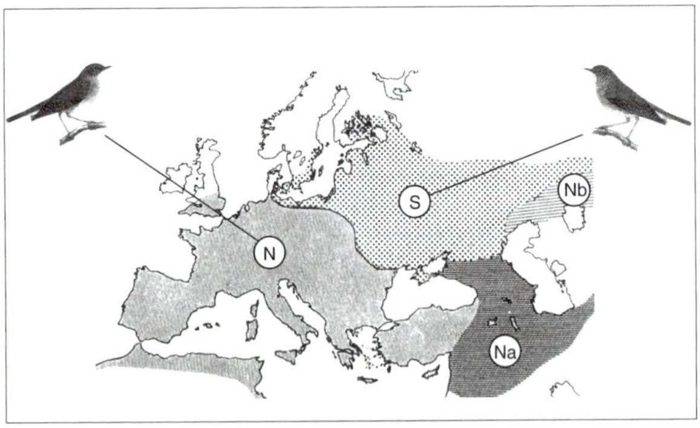

Abb. 86: Nachtigall (N) und Sprosser (S), zwei nahe verwandte Arten. Die Verbreitungskarte zeigt, dass die beiden Arten allopatrisch entstanden sind; sie kreuzen sich an ihrer gemeinsamen Grenze nicht. Na und Nb sind Unterarten der Nachtigall.

Auch geologische Ereignisse wie die Bildung der Landbrücken zwischen Nord- und Südamerika oder die Entstehung des Grand Canyon führten zur Trennung von Populationen und damit zur Unterbindung des Genflusses zwischen ihnen. Durch die Landbrücke wurden pazifische Populationen von atlantischen vollständig abgeschnitten.

Die Entstehung von Fortpflanzungsbarrieren in separierten Populationen

→ Gendrift siehe S. 100 f.

Separierte Populationen sind unterschiedlichen Bedingungen ausgesetzt. Gründerpopulationen haben schon aufgrund ihrer geringen Zahl zufallsbedingt andere Allelfrequenzen gegenüber ihrer Ausgangspopulation (Gendrift). Mutationen erfolgen unabhängig in beiden Teilpopulationen. Die unterschiedlichen Umweltverhältnisse führen zu unterschiedlichen Selektionskräften, sodass im Laufe vieler Generationen beide Teilpopulationen sich in verschiedene Richtungen entwickeln und unterschiedliche Eigenschaften erwerben. Wenn diese Eigenschaften dazu führen, dass sich bei einem erneuten Zusammentreffen beide Teilpopulationen nicht mehr miteinander fortpflanzen können, dann sind in den Organismen Fortpflanzungsbarrieren entstanden, die sie jeweils als eigene Art kennzeichnen: Sie sind **reproduktiv isoliert**. Solche isolierten Populationen können dann wieder sympatrisch zusammenleben, ohne sich miteinander zu kreuzen. Haben sich zwar Unterschiede in beiden Populationen entwickelt, aber noch keine wirksamen Fortpflanzungsbarrieren, dann spricht man von verschiedenen **Rassen** einer Art.

Als **Rasse** bezeichnet man eine Population oder Populationen innerhalb einer Art, die sich von anderen Populationen durch eine konstante Merkmalskombination unterscheiden.

Man unterscheidet eine Reihe von **Isolationsmechanismen**, die eine fruchtbare Vermehrung verhindern:

1. **Metagame (postzygote) Isolationsmechanismen:** Es findet eine Befruchtung statt, aber die Zygote stirbt, oder die Nachkommen sind selbst unfruchtbar, wie z. B. die Bastarde aus der Kreuzung von Pferd und Esel (Maultier).

Pro- und **metagam:** vor bzw. nach der Begattung wirksam.

2. **Progame (präzygote) Isolationsmechanismen** sind dagegen solche Eigenschaften, die schon die Paarung bzw. Befruchtung von Individuen verhindern:
   - Ökologische (räumliche und zeitliche) Isolation: Aufgrund unterschiedlicher Fortpflanzungsperiodik und Blütezeiten, Tag- und Nachtaktivität, oder unterschiedlicher Einnischung besteht keine Möglichkeit der wechselseitigen Befruchtung.
   - Ethologische Isolation: aufgrund unterschiedlicher Signale und Reaktionen z. B. bei der Balz, wie das Beispiel der artspezifischen Leuchtsignale bei den Leuchtkäfern („Glühwürmchen") zeigt (Abb. 87).
   - Mechanische Isolation: Die Fortpflanzungsorgane sind während der Separation so unterschiedlich geworden, dass eine Befruchtung nicht mehr möglich ist.

→ Laubsänger Fitis und Zilpzalp siehe S. 8

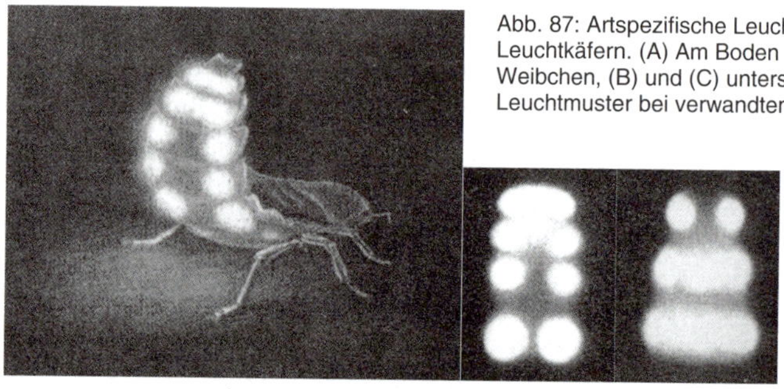

Abb. 87: Artspezifische Leuchtsignale bei Leuchtkäfern. (A) Am Boden sitzendes Weibchen, (B) und (C) unterschiedliches Leuchtmuster bei verwandten Arten.

Beispiele für allopatrische Artbildung

Viele Vogelarten haben sich während der Eiszeit und bei der Rückbesiedlung nördlicher Gebiete in West- und Ostpopulationen separiert und anschließend reproduktiv isoliert. Nachtigall und Sprosser bilden solche nah verwandte Arten, die sich an der gemeinsamen Grenze ihrer heutigen Verbreitung nicht mehr paaren. Rabenkrähe (Westen) und Nebelkrähe (Osten) haben es nur zu Rassenunterschieden gebracht, im gemeinsamen Berührungsgebiet tritt **Hybridisierung** auf (Abb. 88).

Hybridisierung ist eine Kreuzung zwischen genetisch unterschiedlichen Eltern.
→ vgl. Bastardierung S. 2

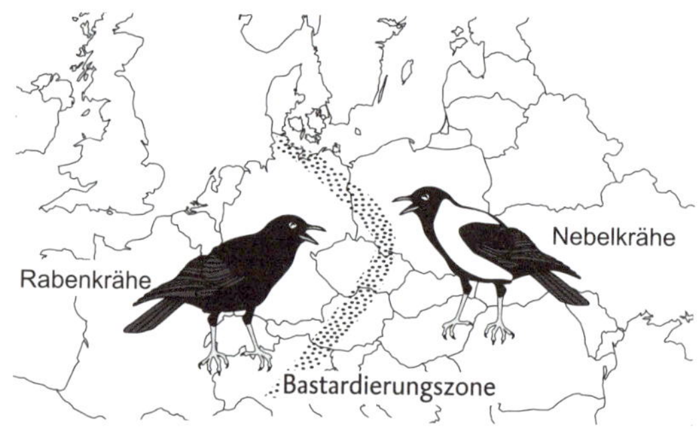

Abb. 88: West- und Ostrasse der Rabenkrähe. In dem grau markierten Grenzbereich kommt es zur Hybridisierung.

Aus einer nördlichen und einer südlichen Population des Salbeis sind in Kalifornien die zwei Arten *Salvia mellifera* und *Salvia apiana* entstanden. Sie zeigen eine Reihe von Unterschieden, die zur reproduktiven Isolation beider Arten führen: Blütengröße und -gestalt, Blütezeiten, verschiedene Bestäuber. Die Isolation beider Arten ist allerdings nicht vollständig, im gemeinsam besiedelten Gebiet kommt es zur Kreuzung beider Arten und zur Hybridbildung. Die Hybriden sind aber kaum fortpflanzungsfähig (Abb. 89). Beispiele für Artbildung über kleine Gründerpopulationen mit anschließender adaptiver Radiation sind die bereits erwähnten Darwinfinken auf den Galapagosinseln und die Kleidervögel auf Hawaii (Abb. 90).

→ Darwinfinken siehe S. 39 f.

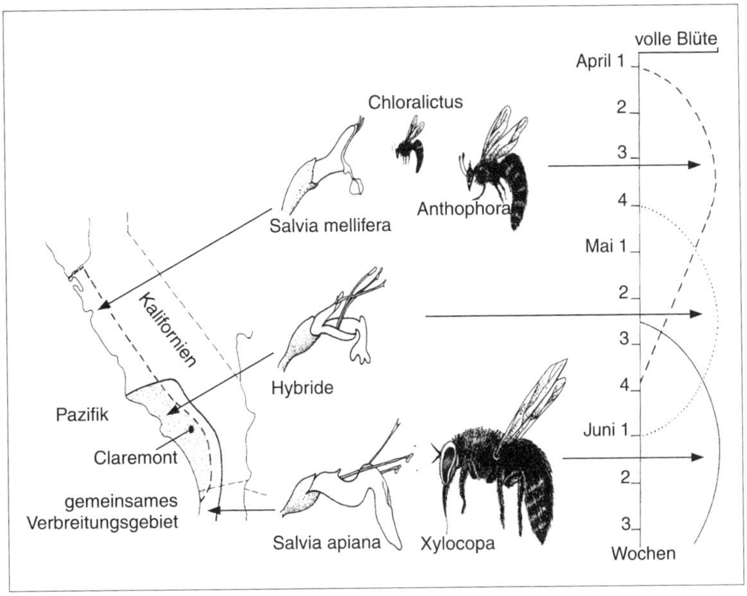

Abb. 89: oben – Die Ausbildung von reproduktiver Isolation bei zwei Salbeiarten in Kalifornien.

Abb. 90: links – Verschiedene Arten der Kleidervögel Hawaiis. Sie sind alle aus der Gründerpopulation einer Vorfahrenart hervorgegangen.

1.2 Die sympatrische Artbildung

Die Entstehung von zwei genetisch isolierten Arten aus einer Ursprungspopulation im selben geografischen Gebiet erfordert die Bildung von Fortpflanzungsbarrieren innerhalb des bestehenden Genaustausches der Individuen. Ein Mechanismus, der das ermöglicht, ist die bei **Pflanzen** häufig vorkommende **Polyploidisierung**.

Polyploidisierung ist die Vervielfachung des Chromosomensatzes. Polyploide Zellen können z. B. entstehen, wenn sich bei einer Zellteilung zwar die Chromosomen verdoppeln, aber die eigentliche Zellteilung nicht abgeschlossen wird. Im einfachsten Fall entsteht so aus einer diploiden Zelle eine mit dem vierfachen (tetraploiden) Chromosomensatz.

Bei der Kreuzung einer polyploiden Pflanze mit einer diploiden können die Nachkommen keine normale Meiose mehr durchführen, da die unterschiedlichen mütterlichen und väterlichen Chromosomensätze keine Chromosomenpaarung erlauben. Daher ist mit dieser Genommutation sofort ein Isolationsmechanismus gegenüber der übrigen Population entstanden. Polyploidisierung kann die aus einer Kreuzung verschiedener Arten kombinierten Chromosomensätze wieder verdoppeln und damit normale Meiosen ermöglichen. Dadurch können sich auch solche Hybriden, die Erbanlagen zweier verschiedener Arten in sich vereinen, zu fortpflanzungsfähigen neuen Arten entwickeln.

Etwa ein Drittel der Blütenpflanzen ist polyploid im Verhältnis zu den nächsten Verwandten. Auch bei Farnen ist Polyploidie weitverbreitet. Vorteile haben Polyploide insbesondere bei der Besiedlung neuer Gebiete, sie sind meist größer und widerstandsfähiger als Diploide. Die sympatrische Artbildung durch Polyploidisierung ist daher ein sehr erfolgreicher Weg der Pflanzenevolution.

→ Inzucht siehe S. 98

→ disruptive Selektion siehe S. 93

Bei **Tieren** ist diese Form der Artbildung sehr selten, da Polyploide sich nur durch Selbstbefruchtung oder Inzucht unter vegetativ entstandenen Nachkommen vermehren können. Ein weiteres Modell der sympatrischen Artbildung beruht auf der disruptiven Selektionswirkung. Solche aufspaltende Selektion könnte in einer Population zu zwei unterschiedlich eingenischten Formen führen, die dann nur geringen oder gar keinen Genaustausch untereinander mehr hätten. Bisher gibt es für diese Form der Artbildung noch keine gesicherten Belege.

Bei der **sympatrischen Artbildung** entstehen Fortpflanzungsbarrieren innerhalb einer Population.

→ Buntbarsche siehe S. 35 f.

Eine besondere Form der sympatrischen Artentstehung zeigt sich bei den ostafrikanischen Buntbarschen. Der Artbildungsprozess, der zu der Formenfülle dieser Fische in ostafrikanischen Seen führte, ist bisher nicht endgültig geklärt. In manchen Seen sind hunderte von Arten in relativ kurzer Zeit entstanden. Neben anderen Faktoren spielte dabei wahrscheinlich auch eine besondere Form der sympatrischen Speziation eine Rolle: die selektive Partnerwahl. Zwischen farblich polymorphen Populationen ist der Genfluss dadurch unterbrochen, dass die Partnerwahl jeweils auf die speziellen Signale der Population ausgerichtet ist. Mitglieder einer abweichend gefärbten Population werden nicht als Partner erkannt. Es handelt sich also um einen präzygoten ethologischen Isolationsmechanismus, der den Genfluss zwischen zwei Populationen verhindert und damit eine getrennte Evolution beider Populationen ermöglicht. Einen weiteren Hinweis auf die Richtigkeit dieser Hypothese gibt die Beobachtung, dass in verschmutztem, trübem Wasser aufgrund der schlechten Sichtverhältnisse Fehlpaarungen und damit Hybridisierung zwischen nahe verwandten Buntbarscharten stattfinden.

Exkurs: Die Entstehung des Kulturweizens

Aus archäologischen Funden geht hervor, dass im Nahen Osten im Bereich des heutigen Iran und Afghanistan schon seit dem 7. Jahrtausend v. Chr. Vorläufer des Weizens entstanden sind und durch Auslese kultiviert wurden.

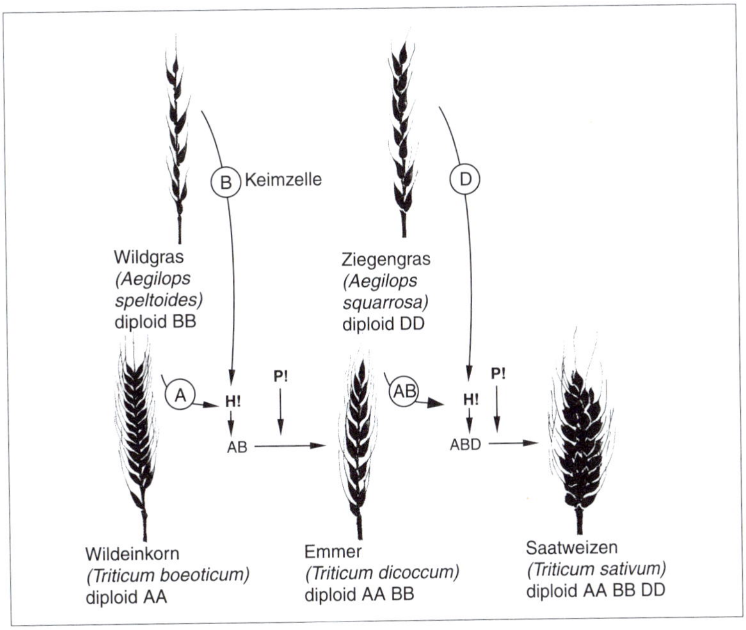

Abb. 91: Entstehung des Kulturweizens:
H! = Hybridisierung,
P! = Polyploidisierung.

Es bildete sich zunächst durch Hybridisierung die tetraploide Weizenkulturrasse des Emmers. Mit der Wende zum 3. Jahrtausend v. Chr. traten spontan Hybriden zwischen dem Emmer und dem einjährigen, dem Emmer verwandten Ziegengras auf. Die Weizenfelder des Nahen Ostens sind auch heute noch mit dem Ziegengras verunkrautet. Durch die Bastardierung des tetraploiden Emmers mit dem diploiden Ziegengras entstand der hexaploide, mit dem sechsfachen Chromosomensatz ausgestattete Saatweizen, der heute die wertvollste Nahrungspflanze der gemäßigten Zonen ist. Die aus einer solchen Kreuzung entstehenden Hybriden sind normalerweise unfruchtbar, da eine Keimzelle diploid, die andere haploid ist und die Zygote damit zunächst einen dreifachen Chromosomensatz hat. Durch die Verdoppelung (Polyploidisierung) des dreifachen Chromosomensatzes zum sechsfachen wird die Paarbildung der Chromosomen aus väterlichen und mütterlichen Partnern möglich. Dadurch können neue Arten auch über solche Hybridbildungen entstehen.

2 Mimikry – Eine mögliche Form des Schutzes

Mimikry: engl. *mimicry* Nachahmung

Mimikry ist die Erscheinung, dass Organismen durch die Nachahmung einer anderen Art Nutzen ziehen. Diese Signale können z. B. Farb- oder Dufteigenschaften sein, auch Form- und Bewegungsmerkmale werden kopiert. Nur der Nachahmer profitiert in einem Mimikry-System. Die wichtigsten Formen von Mimikry sind die **Bates'sche** und die **Müller'sche Mimikry**.

Bates'sche Mimikry: Der Schutz des Nachahmers vor seinen Fressfeinden besteht in seiner Ähnlichkeit mit einem giftigen oder wehrhaften Vorbild.

Bei der **Bates'schen Mimikry** erzielt der Nachahmer einen erhöhten Schutz durch die Imitation einer wehrhaften oder ungenießbaren Art. Bei uns werden z. B. die wehrhaften Wespen und Hornissen von verschiedenen wehrlosen Arten imitiert: vom Hornissenschwärmer (Schmetterling, Abb. 93) und von Schwebfliegen. Bei Schmetterlingen findet man viele Mimikrysysteme, in denen giftige oder ungenießbare Arten von essbaren nachgeahmt werden, wie das Beispiel von *Amauris niavius* und seinen Nachahmern *Papilio dardanus* und *Hypolimnas antedon* zeigt (Abb. 92). Voraussetzung für das Funktionieren des Systems ist, dass der Fressfeind am geschützten Vorbild die Erfahrung macht und weiterhin diese Form meidet. Das bedeutet zugleich, dass die Zahl der Nachahmer nicht zu groß werden kann, da sonst der Schutz verloren geht. Die Populationsdichten werden auf diese Weise durch Selektion stabilisiert.

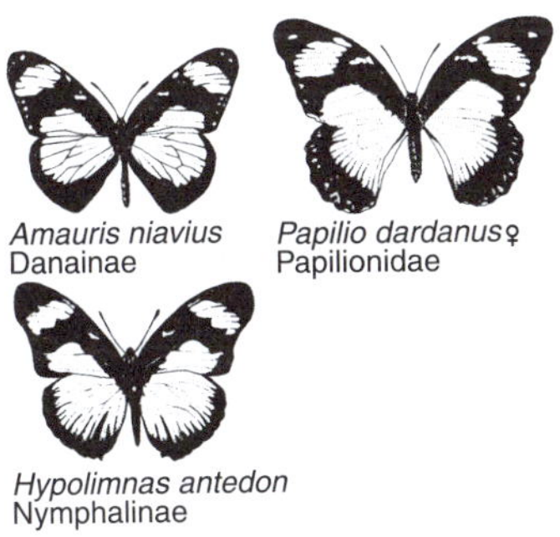

Abb. 92: Bates'sche Mimikry: der ungenießbare *Amauris niavius* und seine Nachahmer.

Abb. 93: Bates'sche Mimikry: Der Hornissenschwärmer ahmt als harmloser Schmetterling die Hornisse nach.

Den umgekehrten Fall zeigt der Nachahmer des Putzerfisches *Labroides*. Der Putzerfisch befreit andere Fische von Parasiten und wird von ihnen bereitwillig sogar ins Maul und in die Kiemenhöhle gelassen. Der Säbelzahnschleimfisch *Aspidontus* gleicht dem Putzerfisch in Größe und Zeichnung und ahmt sogar sein charakteristisches wippendes Schwimmen nach (Abb. 94). Er nähert sich allerdings den „Kunden", um ihnen Stücke aus den Flossen herauszubeißen. *Aspidontus* ist sozusagen ein Wolf im Schafspelz.

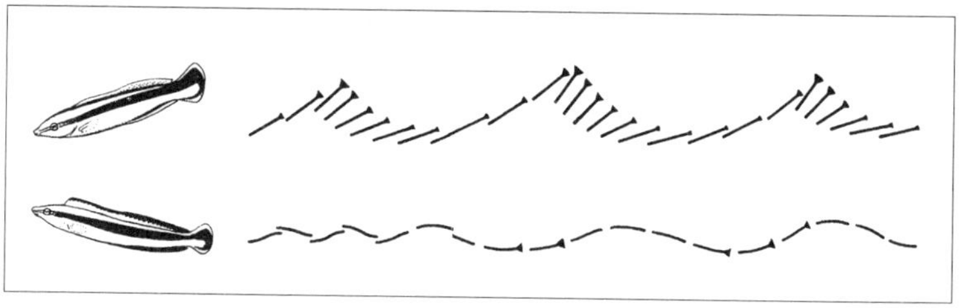

Abb. 94: Oben der Putzerfisch *Labroides*, darunter sein Nachahmer *Aspidontus*. Für beide Tiere ist die wippende Bewegung dargestellt, mit der sie sich anderen Fischen nähern.

Mimikry gibt es auch bei Blütenpflanzen. Die Blüten der Fliegenorchis *(Ophrys insectifera)* ahmen bis ins Detail die Form und die Behaarung sowie den Sexuallockstoff der Weibchen von Grabwespen nach. Sie locken damit die Grabwespenmännchen an, die auf ihnen Kopulationsbewegungen ausführen und dadurch den Blütenpollen aufnehmen und übertragen (Abb. 95).

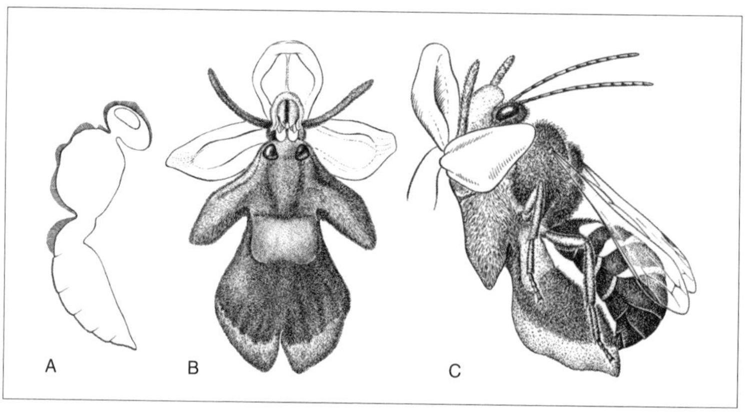

Abb. 95: (A) Behaarung auf dem Rücken einer Grabwespe, (B) Blüte der Fliegenorchis, (C) Grabwespenmännchen auf der Blüte.

Als **Müller'sche Mimikry** bezeichnet man die Ähnlichkeit von zwei oder mehr wehrhaften Tieren miteinander, wodurch der Abschreckungseffekt größer wird.

Bei der **Müller'schen Mimikry** gleichen sich mehrere ungenießbare oder wehrhafte Arten. Sie bilden dadurch eine größere Gruppe, an denen Fressfeinde negative Erfahrungen machen können. Die Wahrscheinlichkeit des Überlebens ist damit für alle höher. Die beiden südamerikanischen Falter *Heliconius eucrate* und *Lycorea halia* sind nicht miteinander verwandt, gleichen sich aber im Muster und in der Färbung der Flügel sehr genau. Beide Arten sind ungenießbar für Fressfeinde, die nach einer entsprechenden schlechten Erfahrung diese Tiere meiden. Durch die übereinstimmende Warntracht erhöht sich die Schutzwirkung für beide Arten.

Unter **Mimikry** versteht man die Nachahmung von Signalen einer Tier- oder Pflanzenart durch eine andere Art.

Mimikry als Grundlage für Simulationsversuche

→ Simulation siehe S. 45

Da bei Mimikrysystemen stets ein Vorbild als Ziel der Evolution des Nachahmers gegeben ist, eignen sie sich gut für Simulationsversuche. In Computermodellen wurde die Wirksamkeit der Evolutionsfaktoren getestet. Das Diagramm (Abb. 96) zeigt, dass schon an einem Individuum durch die Faktoren Mutation und Auslese in etwa 350 Generationen eine Angleichung des Musters erfolgt. Bei dem Simulationsversuch mit einer kleinen Population von 10 Individuen und den Faktoren Mutation, Rekombination und Selektion läuft der Evolutionsprozess bis zur Übereinstimmung bereits in etwa 80 Generationen ab. Diese Modellversuche spiegeln sicherlich nicht die realen Evolutionsabläufe wider, sie zeigen aber sehr klar, dass die Faktoren der Selektionstheorie zur Erklärung von Evolutionsprozessen ausreichen.

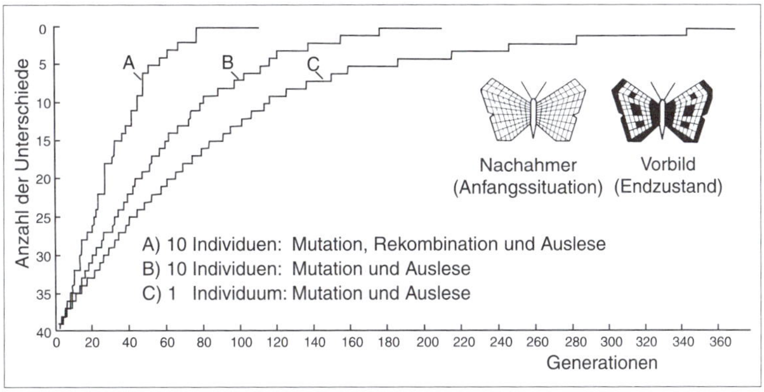

Abb. 96: Computersimulation der Evolution von Ähnlichkeit bei einem Mimikrymodell.

3 Koevolution – Beziehungen zwischen Arten

Koevolution ist die Evolution von Eigenschaften bei zwei oder mehreren Arten in Abhängigkeit von ihren Beziehungen untereinander.

An erster Stelle stehen dabei Nahrungsbeziehungen: Welche Anpassungen hat z. B. eine Räuberart erworben, um ihre Beute zu fangen, welche Strategien hat wiederum das Beutetier entwickelt, um dem Fressfeind zu entkommen? Wie wehren sich Pflanzen gegen die Vernichtung durch Pflanzenfresser? Koevolution findet überall dort statt, wo Organismen miteinander interagieren und sich jeweils an den anderen anpassen. Neben der Räuber-Beute-Beziehung zählen hierzu auch die Formen der Symbiose, des Parasitismus und der Konkurrenz. Dabei muss im Einzelnen geprüft werden, ob die betrachteten Eigenschaften tatsächlich **Koadaptationen** sind, also Anpassungen, die aufgrund der Wechselbeziehung entstanden sind.

3.1 Räuber und Beute

Fledermäuse jagen ihre Beute mithilfe ihres Ultraschall-Ortungssystems. Sie stoßen Rufe aus, deren Echo ihnen Richtung und Entfernung der Beute anzeigt. Die wichtigsten Beutetiere der in der Abenddämmerung jagenden Fledermäuse sind Nachtfalter, die sie im Fluge mit der Schwanzhaut „käschern". Allerdings haben die Nachtfalter Gegenmaßnahmen erworben: Sie können durch ihre Hörorgane an den Körperseiten die Ultraschallrufe der Fledermäuse wahrnehmen und blitzartig seitlich abdrehen oder sich fallen lassen. Eine weitere Koadaptation an den Fressfeind stellt die starke Behaarung mancher Nachtfalter dar, durch die das Echo der Fledermausrufe gedämpft und damit die Ortung des Beutetiers erschwert wird.

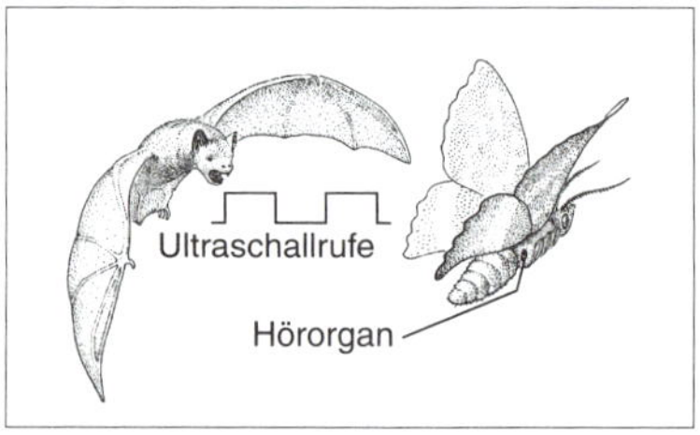

Abb. 97: Koadaptation zwischen Räuber und Beute.

3.2 Symbiose zwischen Blütenpflanze und Bestäuber

Unter **Symbiose** versteht man das Zusammenleben zweier artverschiedener Organismen zu beiderseitigem Nutzen.
→ Insektenbestäubung siehe S. 53/54

Die **Konditionierung** ist eine Lernform, bei der eine angeborene Verhaltensweise mit einem neuen Reiz verknüpft wird.

Die Vielfalt der bedecktsamigen Blütenpflanzen ist entscheidend von der Koevolution mit Insekten als ihren Bestäubern beeinflusst worden. Viele Blüteneigenschaften haben sich in Anpassung an Insektenbestäubung herausgebildet: farbige Blütenblätter und Duft als anlockende Signale, Angebot von kohlenhydratreichem Nektar als Belohnung und zur Konditionierung des Blütenbesuchers. Auch aufseiten der Bestäuber haben sich Eigenschaften koadaptiv entwickelt, so z. B. die „Körbchen" zum Pollensammeln an den Hinterbeinen der Honigbiene. Da sowohl die Pflanze als auch das Insekt Vorteile von dieser Beziehung haben, handelt es sich um eine echte Symbiose.

Während es einerseits Blüten gibt, die eine Fülle verschiedener Insektenarten anlocken und als Bestäuber nutzen, haben sich einige spezialisiert auf wenige oder sogar nur eine Bestäuberart. Ein berühmtes Beispiel ist die madagassische Orchidee *Angraecum sesquipedale*, die einen etwa 30 cm langen Sporn trägt, an dessen Ende der Nektar geborgen ist. Als Darwin diese Blüte sah, hat er die Hypothese aufgestellt, dass es auf Madagaskar einen Schmetterling geben muss, der einen mindestens ebenso langen Rüssel besitzt. Vierzig Jahre später wurde tatsächlich eine Falterart mit entsprechend langem Rüssel entdeckt: *Xanthopan morgani praedicta*. Erst vor wenigen Jahren wurde allerdings die Bestäubung von *Angraecum* durch diese Falter in der Natur beobachtet. Das Beispiel zeigt auch die Problematik solcher spezialisierter Koadaptationen: Die Orchidee ist auf diesen Bestäuber zur Pollenübertragung angewiesen; stirbt er aus, dann geht sie auch ein. Andererseits ist gewöhnlich der Bestäuber weniger abhängig von einer Pflanzenart, er kann – auch mit dem langen Rüssel – durchaus auf andere Blütenformen ausweichen und damit andere Nahrungsquellen nutzen. Deshalb sind auch die Anpassungen an die Symbiose auf der Seite der Blüten gewöhnlich stärker ausgeprägt als bei den Bestäubern.

praedicta: lat. der Vorhergesagte

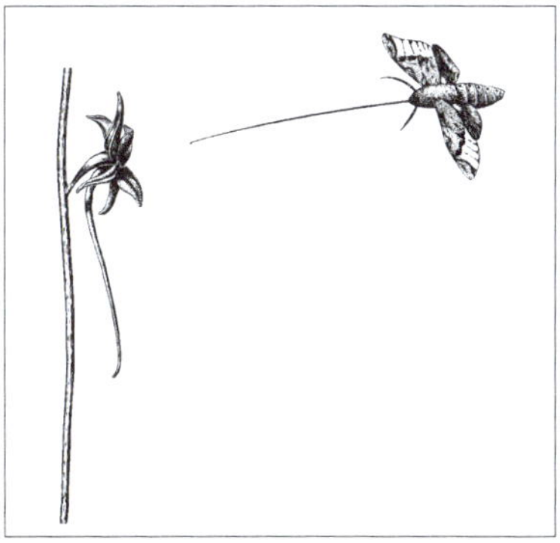

Abb. 98 Die Orchidee *Angraecum sesquipedale* und ihr Bestäuber, der Falter *Xanthopan morgani praedicta*.

3.3 Pflanzenschutz durch Ameisen

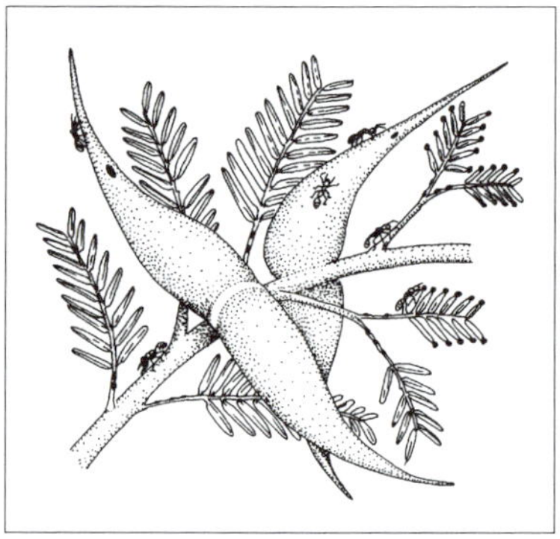
Abb. 99: Symbiose zwischen Akazie und Ameisen.

Herbivore Tiere sind Pflanzenfresser.

Pflanzen müssen sich gegen Pflanzenfresser schützen. Vielfach geschieht dies durch bitter schmeckende oder giftige Inhaltsstoffe. Schutz bieten auch auf Bäumen lebende Ameisen, vor allem gegen herbivore Insekten. Einige Akazienarten haben diese Beziehung verstärkt durch die Entwicklung von Nektardrüsen an den Blattstielen und von eiweißreichen Körperchen an den Fiederblättern sowie durch das Angebot von hohlen Dornen, in denen die Ameisen wohnen können (Abb. 99). Die Ameisen ihrerseits verteidigen den Baum nicht nur gegen Pflanzenfresser, sondern nagen auch die Triebe konkurrierender Schlingpflanzen und Ranken ab.

4 Die Entstehung evolutionärer Neuheiten

Vielfach sind Zweifel geäußert worden, dass die hoch geordneten Strukturen und Funktionen der Organismen in der Evolution durch zufällige Mutationen entstanden sein sollen. Der folgende Überblick fasst die wichtigsten Prozesse zusammen, die zu Neubildungen von Organen und Organisationen führen können.

4.1 Kontinuität in der Evolution von Merkmalen

→ Apomorphie siehe S. 25

Ein für die Säugetiere charakteristisches Merkmal (Apomorphie) stellen die drei Mittelohrknochen Hammer, Amboss und Steigbügel dar. Alle übrigen Landwirbeltiere haben nur einen einzelnen Knochen an dieser Stelle, der die schallleitende Verbindung zwischen dem Trommelfell und dem Innenohr bildet. Wie sind die zwei zusätzlichen Knochen bei den Säugetieren entstanden? Die Lösung wurde bereits 1838 von dem Zoologen Reichert gefunden (Abb. 100). Der Steigbügel entspricht dem auch bei Amphibien, Reptilien und Vögeln vorhandenen Mittelohrknochen, der Columella. Hammer und Amboss sind aus einer Umbildung des ursprünglichen (primären) Kiefergelenks der Reptilien entstanden. Die beiden gelenkbildenden Knochen Articulare und Quadratum wurden rückwärts ins Mittelohr verlagert und bilden dort Hammer und Amboss, das Kiefergelenk der Säuger wird von den vorgelagerten Knochen Dentale und Squamosum gebildet **(sekundäres Kiefergelenk)**.

→ Stetigkeitskriterium siehe S. 22
→ biogenetische Grundregel siehe S. 28 ff.

Aufschluss über diese Homologisierung gibt vor allem die Embryonalentwicklung. Der Schädel eines Säugetierembryos zeigt vorübergehend noch die Verbindung vom Unterkiefer zum Amboss im Mittelohr (Meckel'scher Knorpel, Abb. 101). Dieses primäre Kiefergelenk wird später ganz vom Mittelohr eingeschlossen und stellt beim ausgewachsenen Säuger das von Hammer und Amboss gebildete Gelenk mit schallleitender Funktion dar. Die Embryonalentwicklung liefert hier die Zwischenformen, auf die das Stetigkeitskriterium zur Homologisierung anwendbar ist (vgl. biogenetische Grundregel).

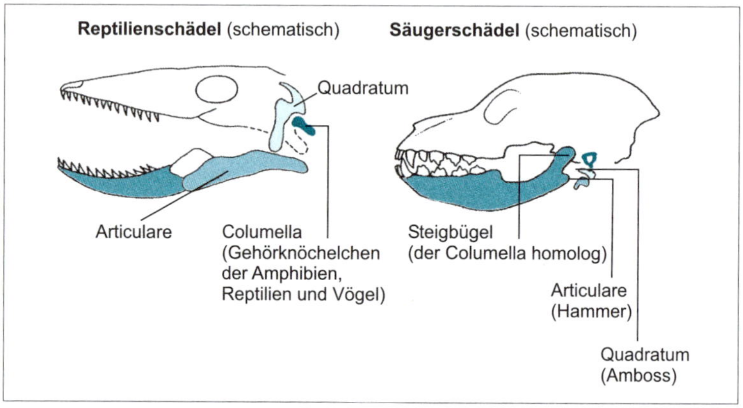

Abb. 100: Homologie der Mittelohrknochen Hammer und Amboss bei Säugetieren mit dem primären Kiefergelenk von Reptilien.

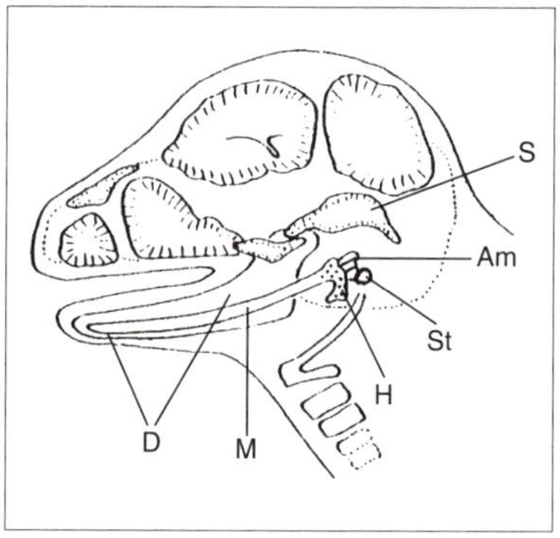

Abb. 101: Schädel eines Säugerembryos. Gemäß der biogenetischen Grundregel sind Hammer H und Amboss Am über den Meckel'schen Knorpel M anfangs noch mit dem Unterkiefer verbunden. D Dentale, S Squamosum, St Steigbügel.

Im Laufe des 20. Jahrhunderts wurden zudem Fossilien von säugetierähnlichen Reptilien gefunden, bei denen Zwischenstufen der Umbildung des Kiefergelenks erkennbar sind. Der Schädel des 1958 beschriebenen *Diarthrognathus* besaß sogar ein doppeltes Kiefergelenk, an dem das Dentale und das Squamosum wie auch Articulare und Quadratum zusammen beteiligt waren. Neue Organe und Funktionen entstehen demnach nicht aus dem Nichts, sondern entwickeln sich schrittweise aus vorhandenen Strukturen. Dabei treten oft starke Formveränderungen auf, die im Zusammenhang stehen mit der Übernahme neuer Funktionen. Selbst bei der beschriebenen extremen Umbildung vom Kau- zum Hörorgan lassen sich zudem Präadaptationen entdecken: Bei Reptilien kann man beobachten, dass sie den Kopf auf den Boden legen und so Schallwellen aufnehmen, die über die Kieferknochen zum Ohr weitergeleitet werden. Das Kiefergelenk hat demnach bei Reptilien eine doppelte Funktion; die Evolution zum Säuger brachte die Aufteilung dieser Funktionen auf zwei getrennte Bauelemente.

→ Präadaptation vgl. S. 58

4.2 Mosaikevolution und Bauplan

→ Mosaikevolution siehe S. 62

Die Merkmale bzw. Eigenschaften von Organismen evolvieren weitgehend unabhängig voneinander. Jeder Organismus ist daher Träger von primitiven und fortschrittlichen Merkmalen in einem mosaikartigen Gemisch.

Exkurs: Das Schnabeltier

Das in Australien lebende Schnabeltier kann die Tatsache der **Mosaikevolution** beispielhaft verdeutlichen, wie die Tabelle 7 und Abbildung 102 zeigen.

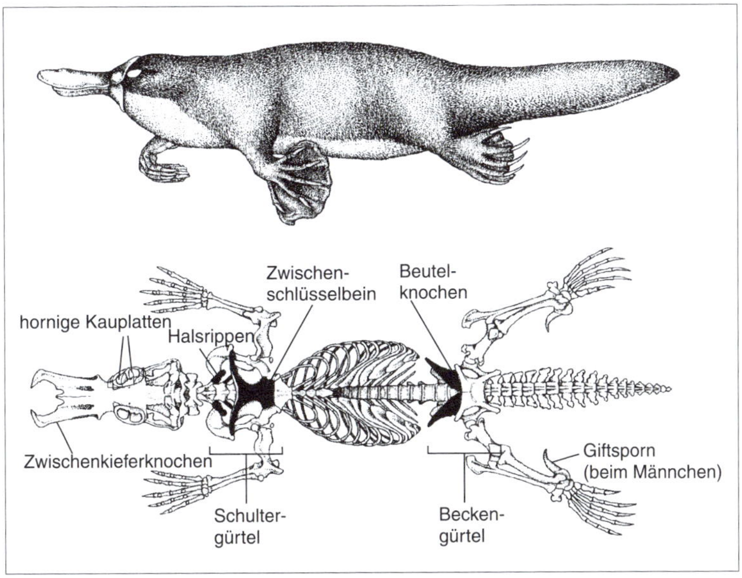

Abb. 102: Schnabeltier: unten das Skelett von der Bauchseite gesehen. Die Reptilienmerkmale sind schwarz hervorgehoben.

Sogar auf zellulärer Ebene zeigt sich das Mosaik aus Reptil- und Säugereigenschaften. Das Karyogramm stellt eine Mischung von großen und sehr kleinen Chromosomen dar. Solche kleinen Chromosomen kommen sonst bei Säugern nicht vor, wohl aber bei Reptilien, während große Chromosomen typisch für Säuger sind.

Neben diesen allgemeinen Merkmalen, die sich bei Reptilien einerseits und bei Säugern andererseits wiederfinden, besitzt das Schnabeltier auch eine Reihe von speziellen Eigenschaften (Apomorphien), die nur bei ihm vorkommen. Der Ersatz der im Jugendalter vorhandenen Zähne durch hornige Kauplatten beim erwachsenen Tier sowie der vergrößerte Zwischenkieferknochen, der den Schnabel stütz,t und der Giftsporn beim Männchen sind Apomorphien des Schnabeltiers. Auch die hoch entwickelten Sinnesorgane am Schnabel – Druck- und Elektrorezeptoren, mit denen das Tier die Beute ortet – sind Eigenmerkmale der Art.

Reptilienmerkmale (primitive bzw. alte Merkmale)	**Säugermerkmale** (abgeleitete jüngere Merkmale, die sonst nur noch bei Säugetieren auftreten)	**eigenständige Merkmale** (jüngst erworbene Merkmale)
• Eier legend • Bebrüten der Eier außerhalb des Körpers • Kloake: eine gemeinsame Körperöffnung für die Ausführgänge der Ausscheidungs- und Geschlechtsorgane • Jungtiere mit Eizahn auf dem Oberkiefer • Halsrippen • Zwischenschlüsselbein • Beutelknochen	• weiches Fell • Milchdrüsen • Körpertemperatur gleichwarm (homöotherm, 32 °C) • 7 Halswirbel • 3 Mittelohrknochen	• hornige Kauplatten • Schnabel • Giftsporn beim Männchen • elektrische Sinnesorgane am Schnabel

Tab. 7: Unterschiedliches Merkmalsalter beim Schnabeltier.

→ Synthetische Evolutionstheorie siehe S. 74 f.

Das Beispiel Schnabeltier zeigt, dass auch **Baupläne** – „Säuger", „Reptil", „Blütenpflanze" – nicht starr festgelegt sind. Sie beschreiben lediglich eine vorherrschende Kombination von Baueigenschaften, die sich in einer Gruppe von Organismen stabilisiert hat. Die Ansicht, dass unterschiedliche Baupläne abgegrenzt nebeneinander stehen, wird von der Synthetischen Evolutionstheorie abgelehnt. Auch der Übergang von einem Bauplan zum anderen erfolgte als kontinuierliche und schrittweise (graduelle) Entwicklung einzelner Eigenschaften ohne Sprünge. Nur so lässt sich der mosaikartige Charakter von Eigenschaften wie beim Schnabeltier erklären. Seit Darwins Klage über „Missing Links" wurden in vielen Bereichen Zwischenformen gefunden, die die Kontinuität der Entwicklung von Bauplänen belegen: Übergang Reptil –Vogel (S. 62 ff.): *Archaeopteryx*, *Sinosauropteryx*; Übergang Fische – Landwirbeltiere (S. 57 ff.): Quastenflosser; Übergang Reptil – Säuger (S. 117 f.): *Diarthrognathus*.

4.3 Allometrie – Die Entstehung von Neubildungen

Die Wachstumsrate eines Organs im Verhältnis zu anderen Organen oder zum ganzen Körper bezeichnet man als **Allometrie**.

→ vgl. S. 66 f.

Vielfach ist eine Formänderung durch die Änderung von Wachstumsraten oder der Wachstumsdauer von Organen zu erklären. Die Wachstumsgeschwindigkeiten der Organe eines Individuums sind keineswegs alle gleich. In der menschlichen Ontogenese wächst z. B. der Kopf langsamer, die Beine wachsen schneller als der gesamte Körper. In vielen Evolutionsreihen stellen sich Entwicklungen als entsprechende Proportionsänderungen dar: Die Evolution des Pferdeschädels und des menschlichen Schädels sind Beispiele dafür.

→ Neotenie siehe S. 55
vgl. auch Wirbeltiere S. 57 ff.

Auch die **Neotenie** ist letztlich auf Verschiebung der Wachstumsraten zurückzuführen. Hier verläuft die Entwicklung der Geschlechtsreife schneller als die Ausbildung anderer Körpermerkmale, sodass im geschlechtsreifen Organismus noch jugendliche oder larvale Eigenschaften erhalten bleiben. Mit diesen relativ einfachen Vorgängen kann die Entstehung einer Reihe von Bauplänen erklärt werden. Eine Hypothese führt die Entstehung der Insekten auf Neotenie zurück. Die Tausendfüßer sind mit ihrer vielfachen Wiederholung gleicher Segmente und Beinpaare primitiver gebaut als die Insekten, deren Körper in Kopf, Brust und Hinterleib gegliedert ist und nur am Brustteil drei Beinpaare trägt. Bei den Tausendfüßern gibt es Larvenformen, die beim Schlüpfen nur drei Beinpaare haben, die weiteren Beine werden später ausgebildet. So ließe sich die Entstehung der Insekten aus dem sechsbeinigen Larvenzustand von tausendfüßerartigen Vorfahren erklären (Abb. 103).

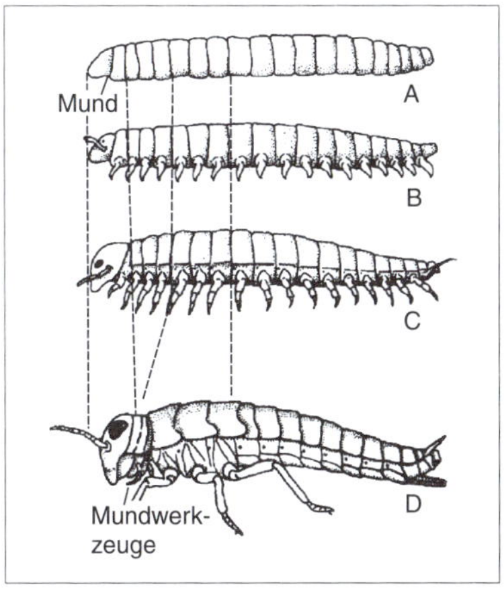

Abb. 103: Hypothetische Ableitung des Insektenbauplans (D) von wurmähnlichen Vorfahren (A). Die Zwischenstufen finden sich heute noch bei Stummelfüßern (B) und Tausendfüßern (C).

4.4 Änderungen in der frühen Ontogenese

→ Ontogenese siehe S. 28 f.

Je früher in der Embryonalentwicklung eine Mutation einsetzt, umso größer sind gewöhnlich ihre Auswirkungen auf den Phänotyp. In den letzten Jahren ist die genetische Steuerung der frühen Entwicklungsabläufe intensiv erforscht worden. Sie wird von wenigen **Meistergenen** beherrscht, die über ihre Proteinprodukte den Funktionszustand weiterer nachfolgender Genaktivitäten steuern. Die ersten grundlegenden Schritte der Gestaltbildung erfolgen aufgrund von hierarchisch ablaufenden Prozessen von Genaktivierungen. Frühe Gene schalten dabei mithilfe ihres Genprodukts – also von Proteinen – ganze Folgen von späteren Genen ein bzw. aus.

Meistergene liefern Proteine, die mithilfe von speziellen Aminosäuresequenzen („Domänen") an die Steuersequenzen anderer Gene binden können und dadurch diese Gene an- oder ausschalten. Die von den Meistergenen gesteuerten aufeinanderfolgenden Grundprozesse der Körperbildung sind:

1. Anlage der Körperachsen vorn – hinten, oben – unten
2. Gliederung des Körpers in sich wiederholende Einheiten (Segmente)
3. spezielle Ausbildung und Differenzierung der einzelnen Segmente.

Schon einzelne Mutationen solcher Meistergene können auffallende Änderungen im Körper bau hervorrufen, z. B. die Ausbildung eines 2. Flügelpaares bei *Drosophila* oder die Entwicklung eines Beins anstelle eines Fühlers am Kopf (Abb. 104). Die Meistergene wurden vorwiegend an *Drosophila* untersucht, wo sie als HOM-Gene bezeichnet werden. Gleichartige Gene finden sich aber auch bei den Wirbeltieren, hier als Hox-Gene bezeichnet. In beiden Gruppen gleicht sich auch die Abfolge der Gene im Chromosom, sie entspricht dem Ort ihrer Wirksamkeit in der Körpergrundgestalt (Abb. 105). Diese weitgehende Übereinstimmung deutet auf einen gemeinsamen Vorfahren der mehrzelligen Tiere, der bereits dieses Entwicklungsmuster besaß.

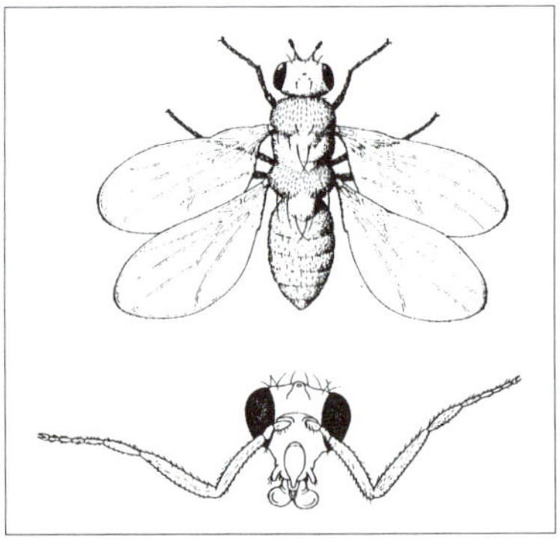

Abb. 104: Meistergen-Mutanten von *Drosophila*. Oben die Mutante *tetraptera*, unten *antennapedia*.

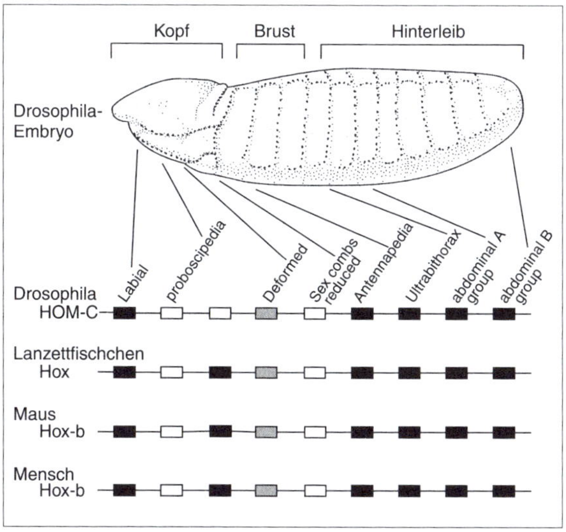

Abb. 105: Die die Körpergrundgestalt bestimmenden Meistergene bei *Drosophila* und bei einigen Wirbeltieren.

4.5 Ergänzende und alternative Vorschläge zur Synthetischen Evolutionstheorie

Die **Neutralitätstheorie** von Kimura bezieht sich auf die molekulare Ebene der Evolution. Nach Kimura sind Genmutationen (Basenaustausch in der DNA) und die daraus folgende Variabilität der Proteine im Wesentlichen selektionsneutral. Die Organismen sammeln dadurch eine Vielzahl von Mutationen und polymorphen Proteinen, die bei Umweltänderungen zu rasch verlaufenden Anpassungsänderungen von Populationen führen können. Die Selektion im Darwin'schen Sinn soll nach dieser Theorie erst auf der organismischen Ebene wirken, nicht auf der molekularen.

Mikro- und Makroevolution. Immer wieder wurden für evolutive Veränderungen, die über Artunterschiede hinausgehen, besondere Mechanismen angenommen, z. B. Großmutationen, die ein Reptil schlagartig in einen Vogel verwandelten. „Der erste Vogel kroch aus einem Reptilei", meinte Geoffroy St. Hilaire, ein Biologe des frühen 19. Jahrhunderts. Die Mechanismen der Artbildung würden nach dieser Ansicht nur zur Evolution auf dem Artniveau beitragen (Mikroevolution), während die Entstehung neuer Baupläne bzw. größerer phänotypischer Änderungen durch „Makroevolution" vonstattengehen soll. Die synthetische Theorie erklärt auch größere Evolutionsprozesse mit den in kleinen Schritten ablaufenden Artbildungsvorgängen (**Gradualismus**).

Gradualismus ist die Annahme einer *allmählichen* Veränderung in der stammesgeschichtlichen Entwicklung.

letal: lat. *letalis* tödlich; in der Genetik sind rezessive Gene (Letalfaktoren) bekannt, die im reinerbigen Zustand zum frühzeitigen Absterben des Lebewesens führen.

→ Endosymbiontenhypothese siehe S. 49 f.

Einer Makroevolution widerspräche auch die Tatsache, dass Mutationen mit größeren Auswirkungen auf den Organismus häufig letal wirken und den Organismus gar nicht erst zur Entwicklung kommen lassen. Allerdings liegen auch Beobachtungen vor, die als makroevolutive Ereignisse gedeutet werden können. Insbesondere die in der Endosymbiontenhypothese dargestellte Aufnahme ganzer prokaryotischer Zellen in eine Wirtszelle führte in einem großen Schritt zu ganz neuen funktionellen Leistungen des neuen Zellorganismus. Die so entstandenen Mitochondrien und Chloroplasten konnten die Energieversorgung der eukaryotischen Zelle übernehmen. Auch die im vorangehenden Abschnitt 4.4 angesprochenen Änderungen in der frühen Ontogenese weisen auf Möglichkeiten größerer Evolutionsschritte durch Mutation einzelner übergeordneter Meistergene hin.

→ adaptive Radiation siehe S. 40, 60 f.

Der **Punktualismus** nimmt an, dass Arten lange Zeit relativ konstant bleiben und nur in relativ kurzen Phasen eine erhöhte Evolutionsgeschwindigkeit mit sprunghafter Entwicklung und Aufspaltung in neue Arten zeigen. In diesen Phasen ist das Gleichgewicht von Art und ihrer Umwelt durchbrochen („punktiert“), daher stammt die ursprüngliche Bezeichnung *punctuated equilibrium*. Paläontologen haben schon lange bemerkt, dass die fossile Überlieferung häufig Phasen der adaptiven Radiation in kurzer Zeit bezeugt, mit anschließenden lang anhaltenden Phasen eines Entwicklungsstillstands (Stasis). Neuere Untersuchungen sprechen dafür, dass auch in den Entwicklungsphasen die bekannten Artbildungsprozesse abliefen, wenn auch in relativ kurzer Zeit, was den Vorstellungen des Gradualismus entspricht.

Die **Systemtheorie** der Evolution hebt die Konstruktions- und Funktionsbedingungen des Organismus selbst hervor. Strukturen und Funktionen eines Organismus sind aufeinander bezogen, sie bilden Systeme, die durch Rückkopplungen vernetzt sind. Jeder Organismus zeigt Selbstregulationsvorgänge bis hin zu DNA-Reparaturen. Damit bilden die Teile eines Organismus sozusagen selber schon Umwelten füreinander, sie bestimmen mit, ob ein Organ, eine Funktion überhaupt in das ganze System passen. Nicht nur die äußere Umwelt wirkt mit Selektionskräften auf den Organismus, er selber besitzt innere Selektionskräfte, die insbesondere während der Ontogenese wirken.

Noch weiter in diese Richtung geht die **Kritische Evolutionstheorie** der Frankfurter Schule. Sie betrachtet die Organismen vorrangig als Bewegungssysteme und Energiewandler, die im Wesentlichen durch Eigengesetzlichkeiten organisierte Systeme darstellen. Nach der Kritischen Evolutionstheorie findet keine Anpassung an Außenbedingungen statt, sondern evolutiver Wandel wird von der Funktion und der Leistung der Organe und damit von inneren Konstruktionsbedingungen bestimmt.

Zusammenfassung

Artbildung

1. allmähliche, in der Zeit fortschreitende **Artumwandlung** aufgrund der Anpassung an sich wandelnde Umweltbedingungen

→ keine Vermehrung der Artenzahl

→ Problem der Artabgrenzung innerhalb einer Formenreihe

2. Bei der **Artaufspaltung** entstehen zwei (oder mehr) Arten aus einer Ursprungspopulation:

allopatrische Artbildung

↓

Durch **Separation** entstehen zwei räumlich getrennte Teilpopulationen, zwischen denen kein Genfluss mehr besteht.

↓

Evolutionsfaktoren in den separierten Populationen wirken unterschiedlich.

↓

Unterschiedliche Eigenschaften können zu Fortpflanzungsbarrieren werden.

↓

Bei erneutem Zusammentreffen der Teilpopulationen sind beide reproduktiv isoliert und können nebeneinander als getrennte Arten existieren.

sympatrische Artbildung

↓

sprunghafte **Polyploidisierung** einzelner Individuen, die damit sofort genetisch isoliert sind von der übrigen Population

↓

Durch vegetative Vermehrung können mehrere polyploide Individuen entstehen, die sich untereinander wieder geschlechtlich vermehren können.

↓

Durch Polyploidisierung können auch die Chromosomensätze von Hybriden (Nachkommen zweier verschiedener Arten oder Rassen) wieder ausgeglichen werden.

- Bei **Mimikry** erlangt eine Art Vorteile durch Nachahmung einer anderen Art. Häufig ist die nachgeahmte Art durch Wehrhaftigkeit oder Ungenießbarkeit vor Fressfeinden geschützt.
- Bei Beziehungen zwischen artverschiedenen Organismen haben sich vielfach Eigenschaften in gegenseitiger Anpassung entwickelt. Solche Entwicklungen werden als **Koevolution** bezeichnet: gegenseitige Anpassungen bei Räuber und Beute, bei Symbiosepartnern.
- Die Synthetische Theorie geht von einer schrittweisen (graduellen) Entwicklung aus, durch die letztlich auch größere Umgestaltungen („Makroevolution“) erreicht werden. **Neuheiten** können durch Proportionsänderungen (Allometrie) oder durch frühontogenetisch wirksame Mutationen entstehen. Die Entwicklung von Merkmalen geht meist durch kontinuierliche Veränderung vonstatten, wobei die einzelnen Merkmale unabhängig voneinander evolvieren.
- **Neutralitätstheorie, Punktualismus, Systemtheorie** und **Kritische Theorie** sind Ansätze, die die Synthetische Theorie ergänzen bzw. in einzelnen Aspekten Alternativen vorschlagen.

Humanevolution

Röntgenaufnahmen unterschiedlicher Entwicklungsstufen des aufrechten Ganges.

„Nach meiner Vorstellung war die Entstehung einer zweibeinigen Fortbewegungsweise eine so grundlegende Veränderung, die derart viele Evolutionsmöglichkeiten in sich trug, dass wir die Wurzeln unseres Menschseins da sehen sollten."
Richard Leakey, 1992

1 Die systematische Stellung des Menschen

Die **Primaten** sind eine Säugetierordnung, zu der die Halbaffen, Affen, Menschenaffen und der Mensch gehören. An der Basis dieser Verwandtschaftsgruppe stehen die Spitzhörnchen (Tupaias).

Der Mensch gehört systematisch in die Säugetierordnung der **Primaten**, zu denen mit ihm auch die Halbaffen, Affen und Menschenaffen zählen (siehe Abb. 106). Während sich die Halbaffen schon vor über 50 Mio. Jahren von der Stammeslinie der Affen getrennt haben, hat sich die Entwicklungslinie zum Menschen erst vor etwa 5–7 Mio. Jahren von den Menschenaffen abgespaltet. Der Vergleich des äußeren Baus und der Anatomie wie auch der Chromosomen und der DNA ergibt deutliche Belege für die nahe Verwandtschaft des Menschen mit den Menschenaffen. Zu den Letzteren gehören Schimpanse, Gorilla und Orang-Utan sowie der etwas ferner stehende Gibbon. Innerhalb der Gruppe der Menschenaffen ist der Schimpanse das am nächsten mit dem Menschen verwandte Tier.

→ molekularbiologische Methoden der Verwandtschaftsforschung siehe S. 32 ff.

→ molekulare Uhr siehe S. 82

Insbesondere die Analyse der Aminosäuresequenzen einzelner Proteine sowie die Kartierung von DNA-Abschnitten und Sequenzanalysen der DNA ergaben eine engere Zuordnung der Menschen zu den afrikanischen Menschenaffen. So wurde z. B. die DNA-Sequenz einer 7 100 Basenpaare langen Region des β-Globin-Gens vergleichend bei Mensch und Menschenaffen untersucht. In diesem Vergleich zeigte sich, dass der Schimpanse dem Menschen sogar nähersteht als dem Gorilla. Auch die molekularbiologischen Daten weisen auf einen Zeitpunkt der Trennung der Menschenentwicklung von den Menschenaffen vor etwa 5–6 Mio. Jahren (molekulare Uhr).

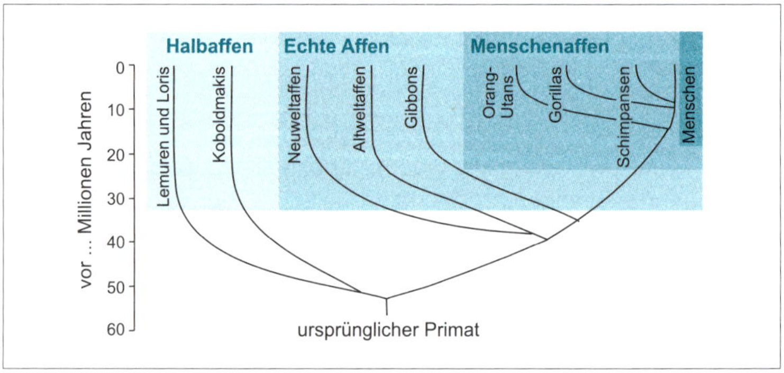

Abb. 106: Ein möglicher Stammbaum der Primaten.

2 Schimpanse und Mensch – Ein Vergleich

2.1 Der aufrechte Gang

Viele Unterschiede zwischen Mensch und Schimpanse hängen direkt oder indirekt mit dem aufrechten Gang zusammen (Abb. 107). Schimpansen und auch Gorillas sind Knöchelgänger, die sich beim Gehen auf dem Boden auf allen Vieren fortbewegen und sich dabei mit den Händen auf die Fingerknöchel stützen. Orang-Utan und Gibbon sind noch stärker an das Leben in den Bäumen angepasst: ihre vorherrschende Fortbewegungsweise ist das Schwinghangeln. Eine ganze Reihe Eigenschaften der menschlichen Anatomie sind Anpassungen an den aufrechten Gang. Der Fuß ist gewölbt und damit besser zum Tragen geeignet, während beim Schimpansen ein Greiforgan mit abgespreiztem großen Zeh ausgebildet ist. Die Beine sind beim Menschen länger, das Becken ist kurz und breit. Die Wirbelsäule zeigt eine charakteristische Vorwölbung im Lendenbereich (Lendenlordose), und das Hinterhauptsloch ist an die Unterseite des Schädels verlagert, sodass die Wirbelsäule unten an den Kopf anschließt.

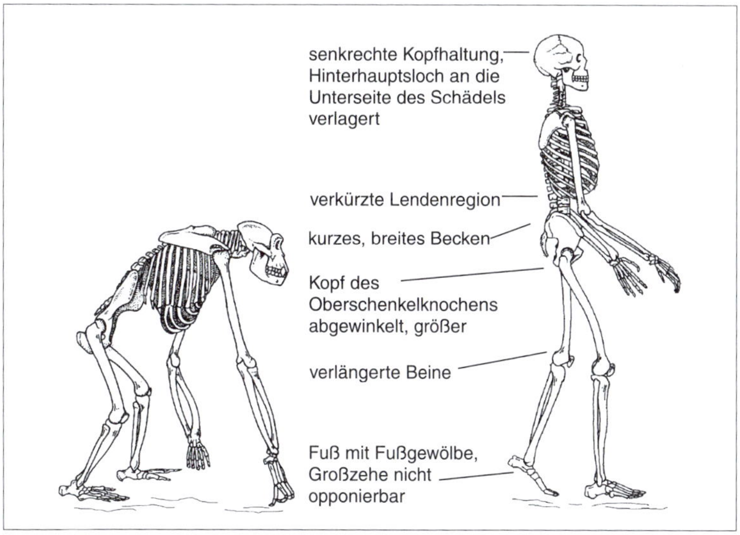

Abb. 107: Anpassungen an den aufrechten Gang beim Menschen im Vergleich zum Schimpansen.

2.2 Schädel und Gehirn

Sehr deutliche Unterschiede weist auch der Schädel des Menschen im Vergleich mit dem Schimpansenschädel auf. Das auffallendste Merkmal ist der stark vergrößerte Gehirnschädel mit deutlich ausgeprägter Stirn ohne Überaugenwulst beim Menschen (Abb. 108). Das Gehirn nimmt darin ein durchschnittliches Volumen von 1 400 ccm ein. Demgegenüber beträgt die Gehirngröße beim Schimpansen etwa 400 ccm. Beim Schimpansen fällt der sehr groß und vorspringend ausgeprägte Gesichtsschädel auf (Prognathie).

Prognathie bezeichnet das Vorragen der Schnauzenpartie des Schädels.

	Schwangerschaft (Tage)	Körpergewicht bei Geburt (g)	Hirngewicht bei Geburt (g)	Körpergewicht erwachsen (kg)	Hirngewicht erwachsen (g)
Gorilla	250–290	1 800–1 900	ca. 130	100	430
Schimpanse	202–261	1 500	ca. 130	50–75	400
Orang-Utan	233	1 500	ca. 130	75	400
Mensch	250–285	3 200	350–390	65–80	1 450

Tab. 8: Vergleich zwischen Menschenaffen und Menschen.

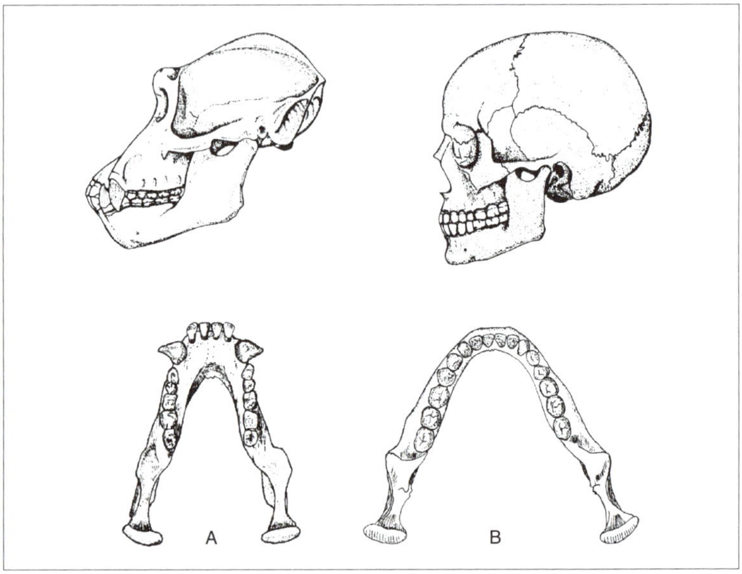

Abb. 108: Schädel und Unterkiefer beim Schimpansen (A) und beim Menschen (B).

Das **Diastema** ist die Lücke zwischen Eckzahn und Schneidezähnen im (Ober-)Kiefer, es bietet Platz für den Gegenzahn.

→ biogenetische Grundregel siehe S. 28 f.

Ein auch für die Beurteilung von Fossilfunden wichtiges Merkmal ist die Anordnung der Zähne im Kiefer (Abb. 108). Beim Menschenaffen stehen die Backenzahnreihen parallel, zwischen dem Eckzahn und den Schneidezähnen im Oberkiefer ist eine deutliche Lücke **(Diastema)** erkennbar. Beim Menschen sind die Zähne in einem parabolischen Bogen angeordnet, das Diastema fehlt. Zudem sind die Zähne beim Menschen etwa gleich groß, während beim Schimpansen die Eckzähne die übrigen deutlich an Größe übertreffen.
Ein bedeutsamer anatomischer Unterschied zwischen Mensch und Menschenaffe zeigt sich in der **Lage des Kehlkopfs**. Beim Schimpansen liegt er wie bei allen Säugern im oberen Halsbereich. Durch den Kehlkopfdeckel wird der Kehlkopf als Eingang zur Luftröhre nach oben zur Speiseröhre abgedeckt, sodass beim Menschenaffen gleichzeitiges Schlucken und Atmen möglich ist, ohne dass sich das Tier „verschluckt". Beim Menschen dagegen liegt der Kehlkopf tiefer, gleichzeitiges Schlucken und Atmen sind daher nicht möglich (Abb. 109). Andererseits sind dadurch aber erst die anatomischen Voraussetzungen für Stimmbildung und Sprache gegeben. Die Verlagerung des Kehlkopfes nach unten findet erst nach der Geburt statt, beginnend mit etwa eineinhalb Jahren, sodass das Kleinkind beim Milchtrinken gleichzeitig atmen kann. Die Entwicklung des Menschen durchläuft also auch in diesem Merkmal ein stammesgeschichtlich älteres Stadium im Sinne der biogenetischen Grundregel.

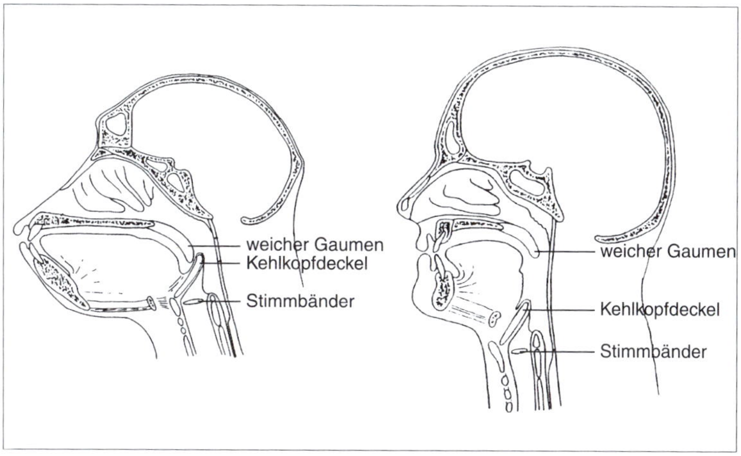

Abb. 109: Lage des Kehlkopfs bei Schimpanse und Mensch.

2.3 Der Ontogenesevergleich

→ Ontogenese siehe S. 28 f.

Nesthocker kommen hilflos zur Welt, ihre Augen sind noch verschlossen und sie brauchen eine längere Brutpflege. **Nestflüchter** kommen gut entwickelt zur Welt, sie können sich sofort selbstständig fortbewegen.

In frühen Entwicklungsstadien bezeichnet man einen Keimling als **Embryo**, in älteren Entwicklungsstadien (beim Menschen ab dem 3. Monat) als **Fötus** (Fetus).

Innerhalb der Säugetiere sind die primitiveren Gruppen (z. B. Nagetiere, Raubtiere, Insektenfresser) **Nesthocker**, d. h. die Jungen werden nach kurzer Tragzeit geboren, sind nackt und blind und haben noch keine ausgebildete Koordination ihrer Bewegungen. Höher entwickelte Säugetiere, insbesondere auch die Affen, sind demgegenüber **Nestflüchter**. Ihre Jungen werden nach langer Tragzeit geboren. Sie sind behaart, ihre Augen und Ohren sind offen. Das Neugeborene kann sich sofort im Fell der Mutter festklammern. Im Vergleich dazu weist das menschliche Neugeborene die charakteristischen Eigenschaften eines Nesthockers auf. Ein genauer Vergleich zeigt aber, dass der menschliche Fötus bereits im Mutterleib einen Zustand durchläuft, der dem eines geburtsreifen Nesthockers entspricht. Zwischen dem dritten und dem siebten Monat sind seine Augenlider verwachsen, zudem entspricht die Relation des Hirngewichts vom Neugeborenen zum erwachsenen Menschen mit 1 : 4 den Werten von Nestflüchtern (bei Nesthockern 1 : 8 bis 1 : 9). Der Mensch ist also kein Nesthocker wie die primitiven Säugetiere. Er macht einen **sekundären Nesthockerzustand** durch, der es ihm ermöglicht, in dieser Zeit die Hirnvergrößerung und Entwicklung der Sprachfähigkeit zu durchlaufen.

→ Neotenie siehe S. 55

Der Schädel eines Schimpansenfötus gleicht in seinen Proportionen viel mehr dem menschlichen Schädel als der ausgewachsene Schimpansenschädel. Während der Ontogenese entfernt sich der Schimpansenschädel weiter von dieser Ausgangsform als der Menschenschädel. Der menschliche Schädel bleibt näher an der embryonalen Grundgestalt; man kann diese Entwicklung als **Neotenie** interpretieren.

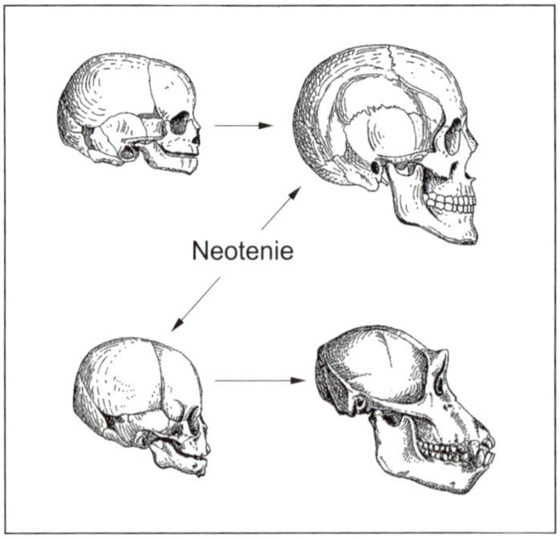

Abb. 110: Neotenie des menschlichen Schädels. Fötaler und erwachsener Schädel des *Homo sapiens* (oben) und des Schimpansen (unten).

3 Fossile Funde – Die Einordnung in den menschlichen Stammbaum

Die Familie **Hominidae** umfasst die ausgestorbenen Australopithecinen und die Gattung *Homo*. Der rezente Mensch ***(Homo sapiens)*** ist die einzige lebende Art dieser Familie.

Darwin hat schon vor über hundert Jahren die „Wiege der Menschheit" in Afrika vermutet. Allerdings schienen die in der Folgezeit gemachten Fossilfunde in Asien („Pekingmensch") ihm zu widersprechen, bis 1924 mit dem ersten Fund eines Vormenschen *(Australopithecus)* in Südafrika die ältesten aufrecht gehenden und zu den **Hominiden** zu rechnenden Formen entdeckt wurden. Seither wurden viele Reste von *Australopithecus*-Arten in Afrika gefunden, aber keine außerhalb Afrikas. Darwins Annahme über die Entstehung der menschlichen Stammlinie in Afrika hat sich damit bestätigt.

3.1 Steckbriefe von wichtigen Fossilien

Proconsul africanus

Alter: ca. 18 Mio. Jahre (Tertiär: Miozän)

Fundorte: Kenia (Ostafrika)

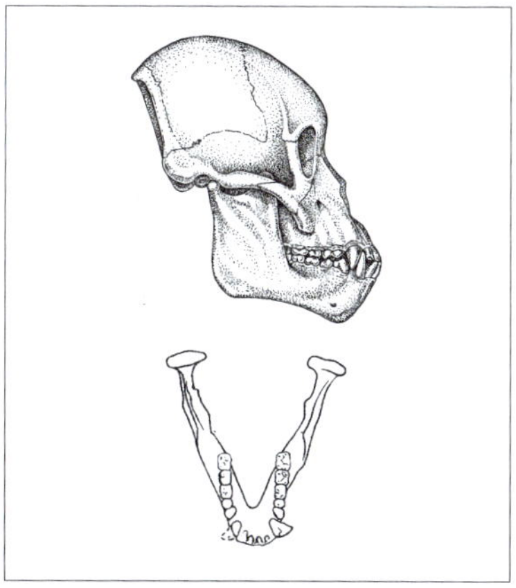

Abb. 111: Schädel und Kiefer des *Proconsul.*

Dryopithecinen: griech. *drys* Baum; *pithekos* Affe → vgl. S. 138

Das Gliedmaßenskelett von *Proconsul* zeigt eine Mischung von Merkmalen, die teils bei niederen Affen, teils bei Menschenaffen zu finden sind. *Proconsul* gehört damit in eine Gruppe von Vorhominiden, aus denen sich vermutlich die Linie der heutigen Gibbons von den Hominiden trennte. Diese Gruppe bezeichnet man als Dryopithecinen; bei ihnen findet sich erstmals der für Menschenaffen und Hominiden charakteristische Bau der unteren Backenzähne: das Dryopithecus-Muster. Die Backenzähne haben 5 Höcker und eine Y-förmige Furche, während sie bei den Altweltaffen 4 Höcker mit zwei Stegen besitzen.

Australopithecus afarensis

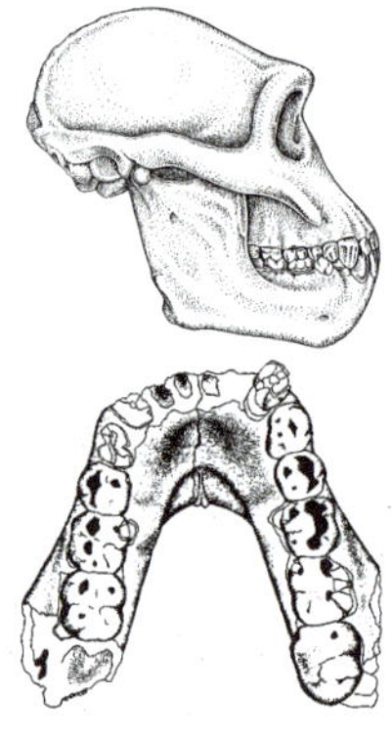

Abb. 112: Schädel und Kiefer des *Australopithecus afarensis*.

Alter: 3,7–2,9 Mio. Jahre
Fundorte: Äthiopien bis Südafrika. Berühmte Funde: „Lucy", Fußspuren von Laetoli (Tansania). Möglicherweise gehört auch das fast vollständige Skelett von „Little Foot" aus Sterkfontein (Südafrika) zur selben Art.
Größe: bis 1,50 m
Hirnvolumen: 400–500 cm^3
Galt bisher als ältester bekannter Hominidenfund. Charakteristisches Merkmal der Hominiden ist der aufrechte Gang. Mit Knochenresten von insgesamt 120 Individuen ist A. afarensis ein fossil gut belegter Vormensch. Durch die in vulkanischer Asche konservierten Fußspuren ist der aufrechte Gang direkt bezeugt. Andererseits liegt seine Gehirngröße im Bereich der heutigen Menschenaffen. Grob gesehen, wirkt *A. afarensis* oberhalb des Halses wie ein Menschenaffe, unterhalb davon fast wie ein Mensch. Er ist damit ein Beispiel für den mosaikartigen Verlauf der Evolution, bei dem sich verschiedene Körperteile mit unterschiedlicher Geschwindigkeit verändern.

Australopithecus africanus

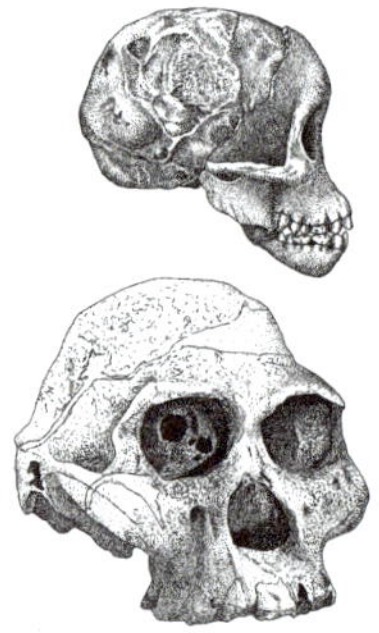

Abb. 113: Schädel des *Australopithecus africanus*.

Alter: 3,0–2,3 Mio. Jahre
Fundorte: Südafrika (Sterkfontein, Makapansgat); das Kind von Taung ist der erste entdeckte Australopithecine (1924).
Größe: bis 1,40 m
Hirnvolumen: ca. 450 cm^3
A. africanus wird zu den grazilen Australopithecinen gerechnet, die sich von den robusten durch einen kleineren und feineren Zahnapparat unterscheiden. Er hatte eine höhere Stirn und keinen Scheitelkamm. Der aufrechte Gang geht aus der Lage des Hinterhauptsloches und der Form des Oberschenkelknochens hervor.

Australopithecus boisei und *Australopithecus robustus*

Alter: 2,4–1,1 Mio. Jahre
Fundorte: Olduvai-Schlucht in Ostafrika
Größe: bis 1,40 m
Hirnvolumen: um 500 cm^3

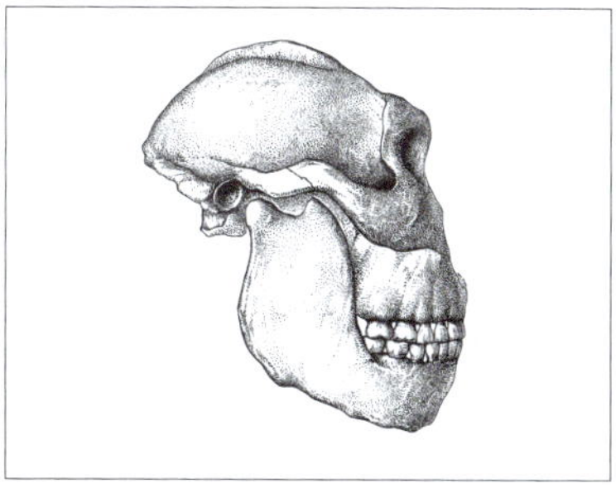

Abb. 114: Schädel des *Australopithecus robustus.*

A. boisei wird mit *A. robustus* zusammen in die Gruppe der „robusten“ Australopithecinen gestellt, die von manchen Forschern auch als Gattung *Paranthropus* bezeichnet wird. Kennzeichnend ist der sehr kräftige Kieferapparat mit großen Backenzähnen und einer am Scheitelkamm ansetzenden Kaumuskulatur.

Homo rudolfensis

Alter: 2,5–1,8 Mio. Jahre
Fundorte: Turkanasee in Kenia
Größe: 1,55 m
Hirnvolumen: 600–800 cm^3

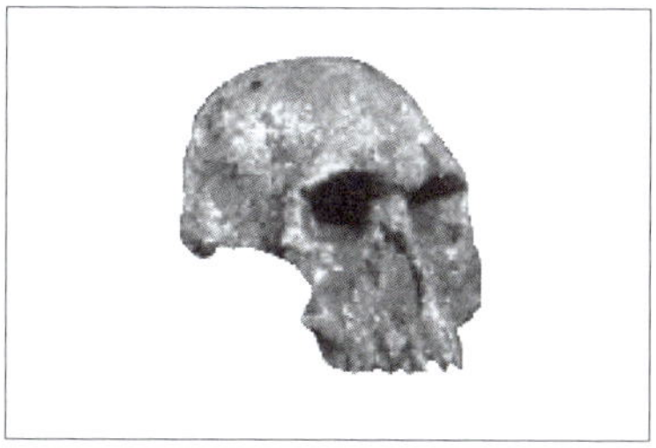

Abb. 115: Schädel des *Homo rudolfensis.*

Maßgeblich für die Zuordnung zur Gattung *Homo* ist in erster Linie die Gehirngröße und damit im Zusammenhang auch die technische Befähigung.
H. rudolfensis ist der älteste Vertreter der Gattung *Homo*. Kennzeichnend ist die Herstellung von Steinwerkzeugen: scharfkantigen Abschlägen von Steinen, mit denen Tiere zerlegt werden konnten.

Homo habilis

Alter: 2,1–1,5 Mio. Jahre
Fundorte: Olduvai-Schlucht in Tansania; Südafrika
Größe: ca. 1,45 m
Hirnvolumen: 500–650 cm^3

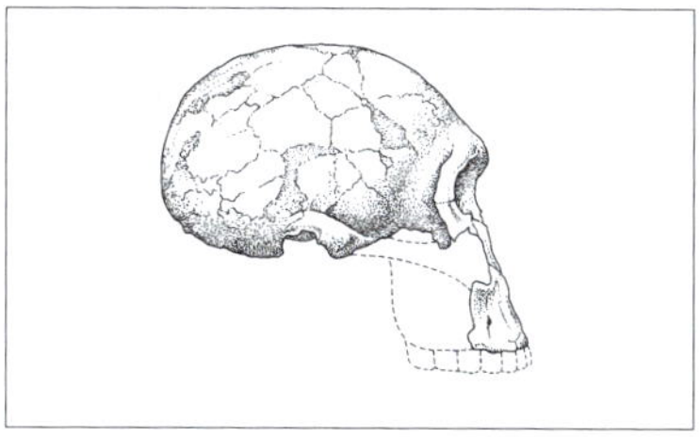

Abb. 116: Schädel des *Homo habilis.*

H. habilis war befähigt zur Geräteherstellung (Geröllgeräte-Kultur in der Olduvai-Schlucht). Er war ein guter Kletterer, konnte aber auch aufrecht gehen.

Homo erectus

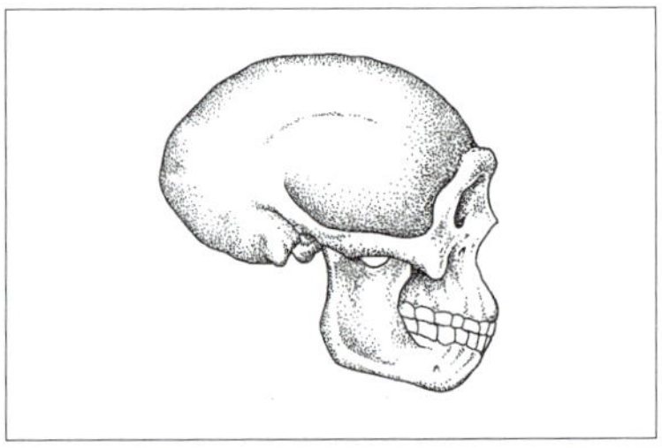

Abb. 117: Schädel des *Homo erectus*.

Alter: 1,8 Mio. bis 40 000 Jahre
Fundorte: Trinil (Java); China; Süd- und Ostafrika (Turkana-Junge aus Kenia, 1984)
Größe: 1,65 m
Hirnvolumen: 750–1 250 cm^3
Der Schädel ist deutlich prognath gebaut, mit starken Überaugenwülsten. Die die Fossilien begleitenden Funde weisen auf den Gebrauch des Feuers und die Herstellung von Faustkeilen hin (altsteinzeitliche Acheuléen-Kultur). Fossile Reste des *H. erectus* wurden seit dem Erstfund 1891 auf Java praktisch in der ganzen Alten Welt gefunden. Heute rechnet man auch den „Pekingmenschen" und eine Reihe von afrikanischen Funden zu der Art. Es wird angenommen, dass sich der *H. erectus* vor über 1,5 Mio. Jahren von Ostafrika aus nach Südafrika und über Arabien bis nach Ostasien verbreitet hat.

→ Prognathie siehe S. 130

Homo neanderthalensis

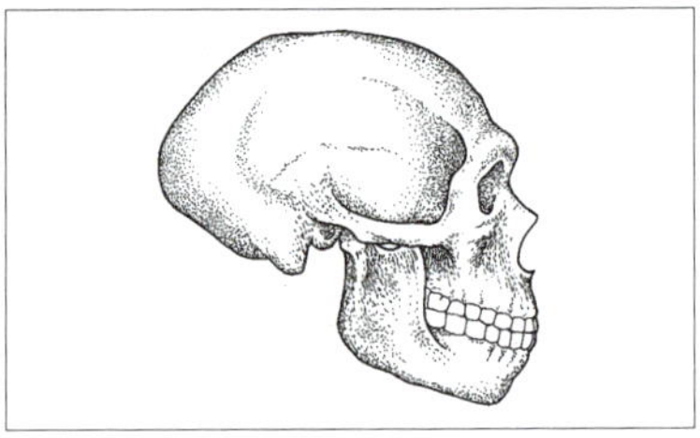

Abb. 118: Schädel des *Homo neanderthalensis*.

Alter: 220 000–27 000 Jahre
Fundorte: Europa (Neandertal bei Düsseldorf!); Vorderasien
Größe: ca. 1,60 m
Hirnvolumen: 1 200–1 750 cm^3
Mit seinem Hirnvolumen gleicht der Neandertaler dem heutigen *Homo sapiens*. Sein Schädel zeigt allerdings mit den Überaugenwülsten und dem fliehenden Kinn ältere Merkmale. Der Körper war sehr kräftig gebaut mit massiver Knochenbildung. Der Neandertaler hatte bereits eine hohe Kulturstufe erreicht: Herstellung verfeinerter Werkzeuge aus Feuerstein-Abschlägen (Moustérien-Kultur, mittlere Altsteinzeit), Bestattung der Toten mit Grabbeigaben, Felszeichnungen.

→ Neandertaler siehe S. 142

In jüngster Vergangenheit sind eine Reihe von weiteren Hominidenfunden gemacht worden:

- ***Ardipithecus ramidus***, von White 1992 in Äthiopien gefunden. *A. ramidus* steht mit einem Alter von 4,4 Mio. Jahren an der Basis der Australopithecinen, die Begleitfauna des Fundorts deutet auf bewaldetes Schwemmland. Der Fund weist darauf hin, dass der aufrechte Gang bereits im Wald erworben wurde.

- ***Australopithecus anamensis***, von Leakey 1994 in Nordkenia gefunden. Alter 4,2–3,8 Mio. Jahre.
- ***Australopithecus bahrelgazali***, von Brunet 1995 im Tschad gefunden. Der Fund besteht aus einem Kieferfragment und einem Zahn, Alter 3,5 Mio. Jahre. Er zeigt, dass Australopithecinen auch im Westen, über 2 000 km von den bisher bekannten Vorkommen in Ostafrika entfernt, gelebt haben, wahrscheinlich ebenfalls im Wald. *A. bahrelgazali* könnte eventuell auch eine geografische Unterart von *A. afarensis* sein.
- ***Sahelanthropus tchadensis,*** von Wissenschaftlern aus Frankreich und dem Tschad 2002 im Norden des Tschad gefunden. Alter 6–7 Mio. Jahre und damit eine wichtige Frühform aus der Ursprungszeit der Hominiden. Ähnlich wie *A. bahrelgazali* deutet dieser Fund auf eine größere Verbreitung früher Hominiden auch außerhalb Ostafrikas hin. Die wichtigsten Hominideneigenschaften von *Sahelanthropus* sind der flache Gesichtsschädel ohne vorspringende Schnauze und die kleinen Eckzähne. Leider ist die Lage des Hinterhauptsloches nicht erhalten, sodass keine Aussage über einen möglichen aufrechten Gang gemacht werden kann. Die Zuordnung zu den Hominiden ist daher unter den Anthropologen noch umstritten.

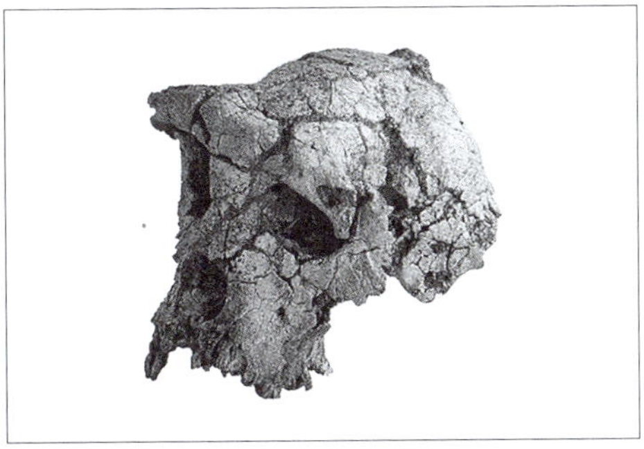

Abb. 119: Schädel des *Sahelanthropus tchadensis.*

3.2 Vorfahren oder Seitenzweig? – Hypothesen der menschlichen Stammesgeschichte

Aufgrund des Datenmangels ist der Stammbaum des Menschen auch gegenwärtig noch nicht endgültig gesichert. Es lassen sich drei Entwicklungsstufen auf dem Weg zum modernen *Homo sapiens* erkennen:

→ Proconsul siehe S. 133

1. **Dryopithecinen:** bilden die Stammgruppe an der Gabelung Menschenaffen und Hominiden. Kennzeichen: Im Unterschied zu den Altweltaffen haben sie keinen Schwanz, lange Arme für schwinghangelnde Fortbewegung, und die unteren Backenzähne haben das **Dryopithecus-Muster** (5 Höcker und Y-Furche), das auch bei Menschenaffen und Hominiden vorhanden ist und ein Unterscheidungsmerkmal zu den Tieraffen darstellt (Abb. 112). Da Zähne durch den harten Zahnschmelz sehr gut erhalten bleiben, sind sie die häufigsten Überreste von Fossilien des menschlichen Stammbaums. Zudem sind sie sehr differenziert gestaltet, sodass oft schon ein einzelner Zahn eine systematische Einordnung ermöglicht. Zu den Dryopithecinen wird auch der *Proconsul* gezählt.

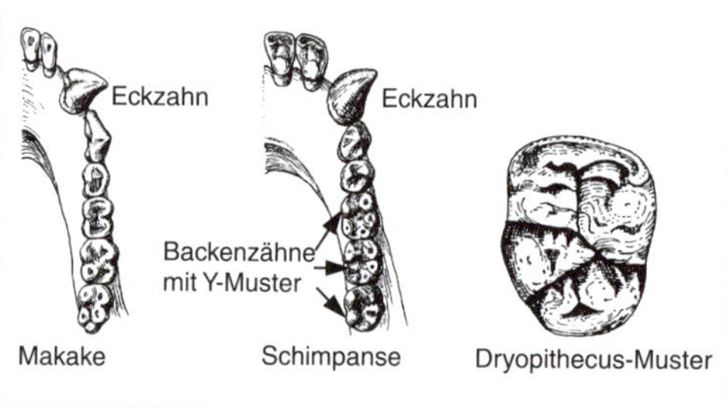

Abb. 120: Vergleich der unteren Backenzähne bei Tieraffen (Makake) und Menschenaffen (Schimpanse). Vergrößerter Backenzahn eines Hominiden, fünfhöckrig und mit Y-Muster.

2. **Australopithecinen (Vormenschen):** Mit ihnen beginnt der Hominidenzweig vor ca. 4,5 Mio. Jahren. Kennzeichen: Fortbewegung zweibeinig und kletternd, erkennbar an der tieferen Lage des Hinterhauptsloches. Australopithecinen haben kleinere Eckzähne als Menschenaffen und im Unterschied zu ihnen einen parabolischen Zahnbogen ohne Diastema.

→ Diastema siehe S. 131 f.

3. ***Homo*** **(Urmenschen):** Mit dieser Gattung beginnt vor etwa 2,5 Mio. Jahren die Entwicklung zum *Homo sapiens*. Kennzeichen: stark zunehmende Gehirngröße (700–2 000 cm^3, im Durchschnitt 1 100 cm^3); Werkzeugkultur, dauernd zweibeinige Fortbewegung, opponierbarer Daumen.

Die fossile Lücke im Hominidenstammbaum zwischen 4 und 7 Mio. Jahren wird schwer zu schließen sein, weil die fossilen Reste aus dieser Zeit kaum Menschenvorfahren von Vorfahren heutiger Menschenaffen unterscheiden lassen. Das charakteristische Merkmal der Hominiden ist der aufrechte Gang. Die Mehrzahl der Anthropologen sieht derzeit *Australopithecus afarensis* („Lucy“) als Ausgangsart der menschlichen Stammeslinie an. Man muss sich aber den Vorgang der Menschwerdung **(Hominisation)** nicht als eine scharfe Trennung zwischen Tier und Mensch vorstellen, sondern als einen mehrere

Anthropologie ist die Wissenschaft von der Entstehung und Entwicklung der menschlichen Art.

Mit **Hominisation** bezeichnet man den evolutiven Ablauf der Menschwerdung.

Millionen Jahre dauernden Übergang, der einherging mit Änderungen in der Umwelt und der Umweltnutzung. Dabei spielte die Umstellung der Ernährung von pflanzlicher Kost auf tierische Kost (Aas, Jagd) eine Rolle. Der aufrechte Gang ermöglichte den freieren Gebrauch der Hände beim Transport und bei der Vorbereitung der Nahrung, was wiederum eine Reduzierung der Kaumuskulatur und die Umgestaltung des Schädels zur Folge hatte.

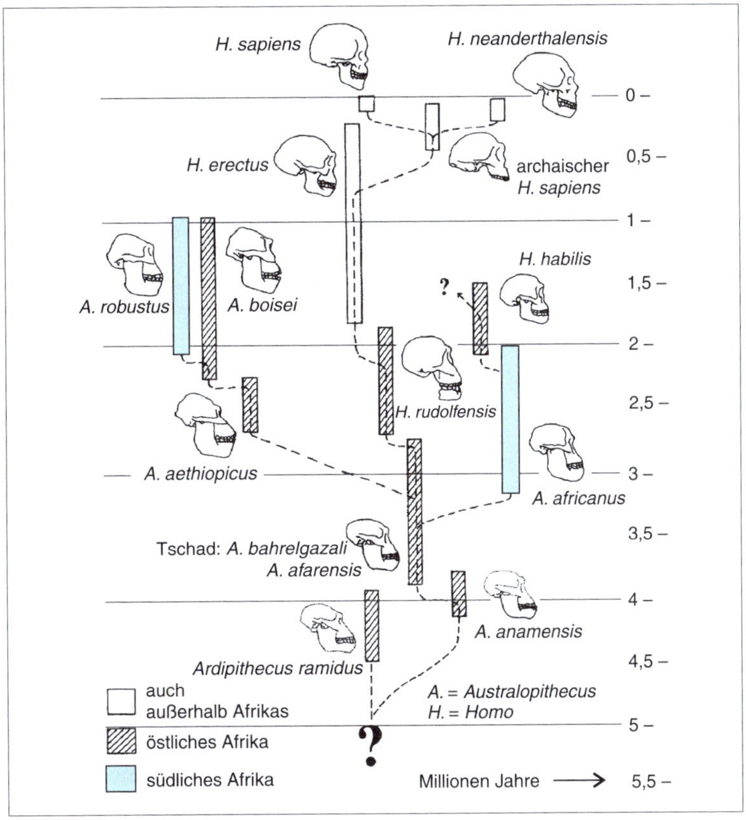

Abb. 121: Stammbaum des Menschen.

Die Entstehung des **aufrechten Ganges** wurde nach einer Hypothese in Zusammenhang gebracht mit dem Übergang vom Leben im Wald zum Leben in der offenen Savanne. Als Selektionsvorteil wurden Aspekte wie energiesparende Bewegung, bessere Vermeidung von räuberischen Tieren sowie die Befreiung der Hände von der Fortbewegung angeführt. Neuere Funde *(Ardipithecus ramidus, Australopithecus bahrelgazali)* lassen an dieser Hypothese Zweifel aufkommen. Diese Funde deuten darauf hin, dass die Vormenschen noch im Wald lebend zwischen vier- und zweibeinigem Lauf wechselten und sich damit zumindest erste Schritte zur Bipedie bereits im Wald entwickelt haben. Die Fossilien von *A. ramidus* sind 4,4 Mio. Jahre alt und gelten derzeit als die ältesten bekannten Vormenschenknochen.

Bipedie ist die Fortbewegung auf zwei Beinen, der aufrechte Gang.

3.3 Der Ursprung des *Homo sapiens* – Die Eva-Hypothese

Bezüglich der Entstehung des modernen Menschen wurden zwei Hypothesen aufgestellt:

- **Hypothese 1:** Der Ursprung des *H. sapiens* liegt in Afrika, von wo aus auswandernde Gruppen in den letzten 150–200 000 Jahren allmählich bis nach Europa, Asien, Australien und Amerika gelangten.
- **Hypothese 2** vertritt einen mehrfachen (multiregionalen) Ursprung des *H. sapiens* aus *H. erectus*-Gruppen, die bereits vor vielleicht 1 Million Jahren aus Afrika ausgewandert sind.

Hypothese 2 erscheint allerdings unwahrscheinlicher, insbesondere weil eine mehrfache unabhängige Entstehung nicht die tatsächliche Ähnlichkeit der *Sapiens*-Rassen erklären kann.

→ DNA-Vergleich siehe S. 35 f.

DNA-Analysen konnten zudem viel Belegmaterial für Hypothese 1 erbringen. Dabei wurde sowohl Kern-DNA als auch mitochondriale DNA (mt-DNA) heutiger Menschen sequenziert und verglichen. mt-DNA hat zwei Besonderheiten: Erstens mutiert sie schneller als Kern-DNA und kann damit auch die Evolution in kürzeren Zeiträumen verdeutlichen, zweitens werden Mitochondrien nur von den Eizellen, nicht aber den Spermien an die Zygote weitergegeben. mt-DNA repräsentiert also nur die mütterliche Vererbung, ohne Rekombination mit väterlichem Erbgut.

Die Analyse von 147 Personen aus verschiedenen Kontinenten ergab nur eine geringe Variation des Sequenzmusters von 0,57 %. Die Auswertung deutet auf einen gemeinsamen Vorfahren wie auch auf ein geringes Alter der gemeinsamen Abstammung hin. Zudem ergaben sich Gruppen mit jeweils ähnlicher mt-DNA in den geografischen Regionen, was auf einzelne Auswanderungswellen schließen lässt. Die Tatsache, dass die afrikanische Gruppe die größte Variabilität in der mt-DNA aufweist, spricht ebenfalls für einen afrikanischen Ursprung (Abb. 122). Aufgrund der Mitochondrienanalyse bezeichnet man die Annahme eines relativ jungen gemeinsamen Ursprungs aller Menschen als **„Eva-Hypothese"**.

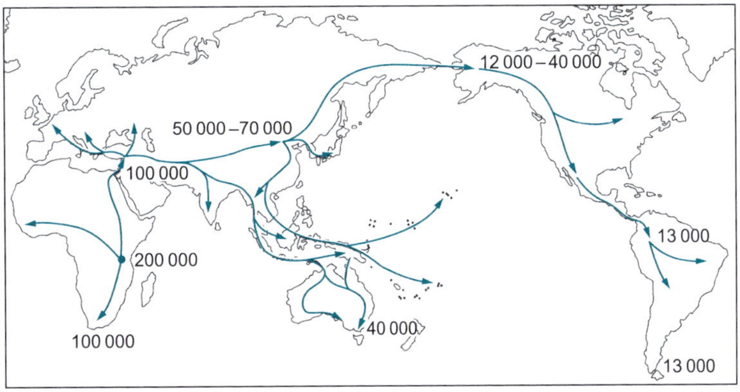

Abb. 122: Eine mögliche geografische Ausbreitung des *Homo sapiens* nach der Eva-Hypothese. Die Jahresangaben wurden nach den genetischen Distanzen der Menschengruppen geschätzt.

4 Die kulturelle Evolution

4.1 Die jüngsten Zweige der Humanevolution – *Homo neanderthalensis* und *Homo sapiens*

Der Neandertaler bildete von Spanien bis nach Zentralasien eine anatomisch einheitliche Population. Sein Gehirn war im Mittel etwas größer als das des Jetztmenschen. Er war sehr kräftig gebaut, mit massiven Knochen und starker Muskulatur, die er vom *Homo erectus* geerbt hat. Als Werkzeug benutzte er Feuerstein-Abschläge. Schon beim Neandertaler zeigt sich dabei eine Beschleunigung in der kulturellen Entwicklung. Die Phasen der technischen Erneuerungen wurden immer kürzer. Der Neandertaler war in der Lage, vielfältige Steinwerkzeuge wie Schaber, Klingen, Spitzen neben den Faustkeilen herzustellen (Moustérien-Kultur). Auch Felszeichnungen und Totenbestattung können ihm zugeordnet werden. Damit sind die Neandertaler die ersten Hominiden, die eine Begräbniskultur hatten. Aus den Grabbeigaben lässt sich auf Bestattungsrituale schließen, die wiederum auf Jenseitsvorstellungen hinweisen. Der Neandertaler war als eiszeitlicher Jäger ein Höhlenbewohner, der auch das Feuer kannte.
Vor Kurzem wurden in Israel Höhlen mit Knochen und Werkzeugen von Neandertalern und modernen Menschen (*Homo sapiens*) gefunden. Mithilfe neuer Datierungsmethoden konnte nachgewiesen werden, dass beide Unterarten schon vor 100 000 Jahren zusammen existierten. Es wird angenommen, dass der Neandertaler sich im kühleren Klima des Nordens entwickelt hat, während der moderne Menschentyp aus tropischen Bereichen im Süden stammt. Vor etwa 30–35 000 Jahren verschwand der Neandertaler spurlos und wurde durch den *H. sapiens* abgelöst. Neueste Ergebnisse von DNA-Sequenzierungen an Knochenresten des Neandertalers weisen auf eine deutlich größere genetische Distanz des Neandertalers vom heutigen Menschen hin. Sie machen eine frühere Auswanderung der Vorfahren des Neandertalers aus Afrika vor etwa 600 000 Jahren wahrscheinlich und bekräftigen damit die Eva-Hypothese.

Das **Neolithikum** (Jungsteinzeit) ist der jüngste Abschnitt der Steinzeit. Es dauerte vom Ende der letzten Eiszeit vor etwa 12 000 Jahren bis zum Beginn der Bronzezeit um 1 800 v. Chr.

Beim *Homo sapiens* entwickelte sich eine hohe soziale Organisation mit der Weitergabe (Tradition) von Sitten und Gebräuchen. Die Erfindung der Knochennadel mit einer Öse für den Faden war ein wichtiger Schritt für den Bau von Zelten und die Herstellung von Bekleidung. Metallbearbeitung wurde erst nach dem Ende der Eiszeit erfunden, die ältesten Funde stammen aus der mittleren Jungsteinzeit vor etwa 7 000 Jahren. Der Übergang vom Jäger- und Nomadenleben zu sesshaften Ackerbauern im Laufe der Jungsteinzeit führte zu verbesserten Ernährungsverhältnissen und zu starker Bevölkerungszunahme **(„neolithische Revolution“)**.

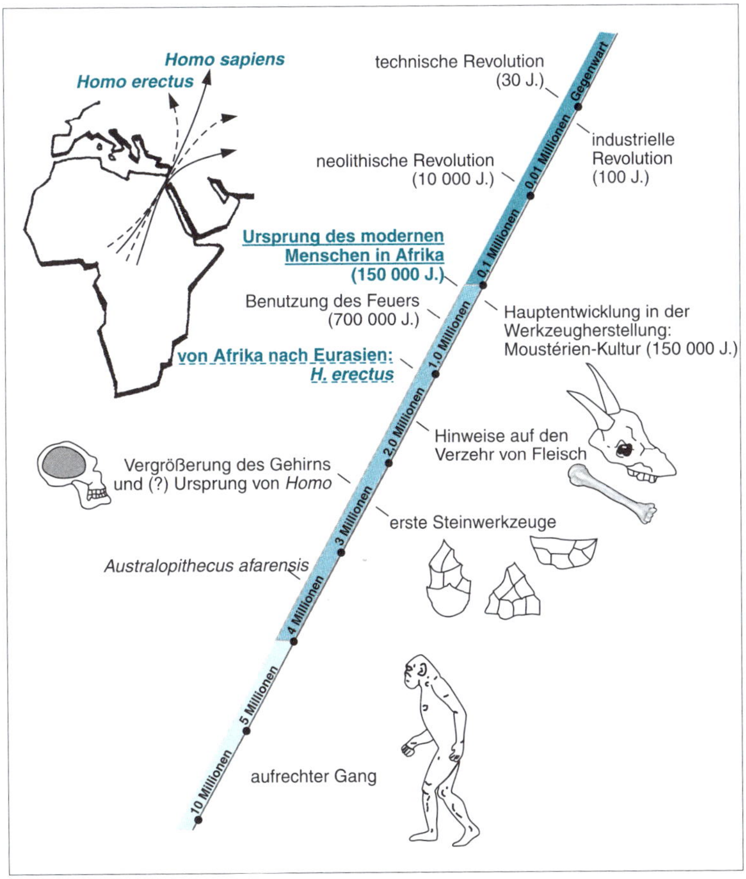

Abb. 123: Überblick über die Entwicklung zum *Homo sapiens*.

4.2 Die menschliche Sprache

Die Anfänge der Entwicklung der Sprache sind weitgehend unbekannt, da sie sich nur indirekt aus Indizien rekonstruieren lassen. So meinen einige Forscher, schon beim *Homo habilis* aus Abdrücken im Schädel das Vorhandensein von Sprachzentren im Gehirn nachweisen zu können. Andererseits deuten die Entwicklung der Technik und die kulturelle Tradition beim *H. erectus* wohl auf Sprachanfänge hin, ebenso dürfte der Neandertaler Sprachvermögen besessen haben, sonst wären seine kulturellen und sozialen Errungenschaften kaum erklärbar.

→ Kehlkopf siehe S. 131

Weitere Hinweise auf Sprachfähigkeit lassen sich aus der Anatomie ableiten. Die Lage des Kehlkopfs ist beim Menschen anders als beim Menschenaffen. Die tiefere Lage des Kehlkopfs drückt sich auch in einer stärkeren Wölbung der Schädelbasis beim modernen Menschen aus. Hier liegt ein Merkmal vor, das sich auch fossil nachweisen lässt. Schädel vom *Homo erectus* weisen eine Wölbung der Schädelbasis auf, die zwischen der Form von Menschenaffen und heutigen Menschen liegt. Der *H. erectus* konnte vermutlich schon vor 1,5 Mio. Jahren ein breites Spektrum von Lauten hervorbringen.

Zusammenfassung

- Nach molekularbiologischen Befunden ist der Mensch am nächsten mit dem Schimpansen verwandt. Unterschiede zeigen sich insbesondere im Zusammenhang mit dem aufrechten Gang, in der Ausbildung von Schädel und Gehirn sowie im Verlauf der Embryonal- und Jugendentwicklung. Viele dieser Eigenschaften ermöglichen erst die kulturelle und soziale Sonderstellung des Menschen (Hände sind von der Funktion der Fortbewegung befreit; Sprachfähigkeit durch die Lage des Kehlkopfs und die Entwicklung des Gehirns).
- Die Fossilfunde belegen eine über 4 Mio. Jahre verlaufende Evolution der **Hominiden**. Aus der älteren Gruppe der Vormenschen (Australopithecinen) entwickelte sich vor etwa 2,5 Mio. Jahren die Gattung *Homo*, bei der mit zunehmender Gehirngröße auch eine fortschreitende Werkzeugkultur auftrat. Als mögliche Stammgruppe der Hominiden gelten die Dryopithecinen, zu denen *Proconsul* gehört. *Australopithecus afarensis* aus Ostafrika ist vermutlich die Stammart der Gattung *Homo*.
- Nach der **Eva-Hypothese** ist der moderne Mensch (*Homo sapiens*) in Afrika entstanden, von wo aus Gruppen in den letzten 150–200 000 Jahren allmählich bis nach Europa, Asien, Australien und Amerika gelangten. Der Neandertaler (*Homo neanderthalensis*) lebte teilweise parallel mit dem *sapiens*, starb aber vor 30 000 Jahren aus.

Stichwortverzeichnis

Abbildungsnachweis

23.5, p. 433, 26.4, p. 494, 26.9, p. 499 and 28.2, p. 523 from BIOLOGY, fifth edition, by Neil A. Campbell. Jane B. Reece and Lawrence G. Mitchell. Copyright © 1999 by Benjamin/Cummings, an imprint of Addison Wesley Longman, Inc. Reprinted by permission of Pearson Education, Inc.: Abb. 8, 42, 45 und 83
© AFP/Getty Images: Abb. 119
Barth, F.: Biologie einer Begegnung. © 1982 Deutsche Verlags-Anstalt, München in der Verlagsgruppe Random House GmbH: Abb. 47, 95
Berliner Exemplar des Urvogels Archaeopteryx lithographica, Museum für Naturkunde der Humboldt-Universität zu Berlin: Umschlagsbild
Czihak, et al.: Biologie. Springer Verlag, 61996: Abb. 27 B (Arey aus Moody), Abb. 19 (Kakking; Lorenz aus Tinbergen)
Cockburn, A.: Evolutionsökologie. G. Fischer, Stuttgart 1995 (Hain-Bänderschnecke, S. 50): Abb. 71
Dünkmann, M., Schulz, W.: Ursachen der Evolution. Studienbriefe für Biologielehrer, Grundlagen für den Biologieunterricht, C8. Deutsches Institut für Fernstudien an der Universität Tübingen, Tübingen, 1979: Abb. 69
Eibl-Eibesfeldt, I: Grundriß der vergleichenden Verhaltensforschung, Piper: München 1967, S. 168, Abb. 87, © Piper Verlag GmbH
Fossilien: Bilder des frühen Lebens, mit einer Einf. von Hans D. Pflug, Spektrum der Wissenschaft: Heidelberg 1989, © Wellnhofer, P.: Abb. 57
Foto SMF, Abteilung Messelforschung: Abb. 12
Gilbert, S.F.: Developmental Biology. 2nd Ed: Sunderland/Mass.: Sinauer 1988: Abb. 27 A
© GNU Free Documentation License: http://en.wikipedia.org/wiki/ GNU _Free_Documentation_License: Abb. 54
Griffiths, M.: The Platypus, Scientific American 1988, © Wynne, P. J.: Abb. 102
Heß, D.: Die Blüte © 1991, Eugen Ulmer KG, Stuttgart: Abb. 89
Kornherr, P.: Abb. 65, vordere Umschlaginnenseite
Kotschnig, E.: Kapitelbild 4
Kull, U.: Grundriss der Allgemeinen Botanik. Fischer: Stuttgart 1993 (Mäusedorn-Ausschnitt, S. 153): Abb. 23 rechts
Lambert, David: A Field Guide to dinosaurs, Diagram Group 1983: Abb. 11
McFarland, D.: Biologie des Verhaltens. Addison Wesley Longman Ltd., 1989: Abb. 74 und 75, orig.: McFarland, D.: Animal Behaviour, Longman 1993
Miller, J., van Loon, B.: Introducing Darwin. Icon Books Ltd.: Abb. 2, Kapitelbild 5
Nicholas Veasey / 2005 Getty Images: Kapitelbild 6
Neue Tierenzyklopädie, Bd. 6, Urania-Verlag: Leipzig-Jena-Berlin 1971, © Urania Verlag Berlin: Abb. 75
Niklas, K.: The evolutionary biology of plants. University of Chicago Press, 1997: Abb. 39 und 77
Osche, G.: Evolution, Almquist & Wiksell: Stockholm 1974: Abb. 24, 36 und 37
Prechtl, Michael Matthias: Kapitelbild 1
Sitte, P., et al: Strasburgers Lehrbuch der Botanik. Berlin 34. Auflage 1998 © Elsevier GmbH, Spektrum Akademischer Verlag, Heidelberg: Abb. 22 und 46
Staatliches Naturkundemuseum Stuttgart: Abb. 10
Stanley, S. M.: Historische Geologie. Spektrum Akad. Verlag 2001 (Chicxulub, S. 529), orig.: Stanley, S.M.: Earth System History, Freeman: New York 1998: Abb. 61
Stebbins, G.: Evolutionsprozesse, Grundbegriffe der modernen Biologie, Bd. 2. Urban Fischer Verlag, 2. Auflage 1980: Abb. 5 und 38
Stewart, W. N.: Paleobotany and evolution of plants. Cambridge University Press, 1983: Abb. 14 und 46 (nach Mamay 1969)
Storch, V./Welsch, U.: Evolution, 6. Aufl., dtv: München 1989: Abb. 32, 56, 90, 99
Strickberger, M.: Evolution © 1996,1990 by Jones and Bartlett Publishers, Sudburry, MA. www.jbpub.com. Reprinted with permission: Abb. 25, 35, 72, 105 und 122
Stürmer, W. et al: Versteinertes Leben im Röntgenlicht. Kl. Senckenberg-Reihe 11, Kramer Ffm, 1980 (Fledermaus, S. 12): Abb. 13
Swibald, S.: Kapitelbild 2
© ullstein-Granger Collection: Abb. 3
U.S. Geological Survey Department of the Interior/USGS: Abb. hintere Umschlaginnenseite
Villee, S./Dethier, V.G.: Biological Principles & Processes. 2nd Ed. Philadelphia/London/Toronto: Saunders 1976 (verändert): Abb. 26
Vogel, St.: Duftdrüsen im Dienste der Bestäubung. Über Bau und Funktion der Osmophoren. Franz Steiner Verlag Wiesbaden GmbH, Stuttgart 1962: Abb. 95
Wickler, W.: Vergleichende Verhaltensforschung und Phylogenetik. In: Heberer, G. (Hrsg.): Die Evolution der Organismen, Bd. 1. Urban Fischer Verlag 1967: Abb. 94
Willmann, R.: Die Art in Raum und Zeit, Parey Buchverlag im Blackwell Wissenschafts-Verlag GmbH: Berlin 1985: Abb. 84
Wurmbach, H.: Lehrbuch der Zoologie. Urban Fischer Verlag, 3. Auflage 1984: Abb. 92
Ziegler, B: Allgemeine Paläontologie, Schweizerbart: Stuttgart 1986: Abb. 55, 59, 70 und Kapitelbild 3

Der Verlag hat sich bemüht, die Urheber der in diesem Werk abgedruckten Abbildungen ausfindig zu machen. Wo dies nicht gelungen ist, bitten wir diese, sich gegebenenfalls an den Verlag zu wenden.

(Bitte blättern Sie um)

Physik

Physik 1 – Elektromagnetisches Feld und Relativitätstheorie	Best.-Nr. 943028	[e]
Physik 2 – Aufbau der Materie	Best.-Nr. 943038	
Mechanik	Best.-Nr. 94307	
Abitur-Wissen Elektrodynamik	Best.-Nr. 94331	[e]
Abitur-Wissen Aufbau der Materie	Best.-Nr. 94332	
Klausuren Physik Oberstufe	Best.-Nr. 103011	
Kompakt-Wissen Abitur Physik 1 – Mechanik, Thermodynamik, Relativitätstheorie	Best.-Nr. 943012	[e]
Kompakt-Wissen Abitur Physik 2 – Elektrizitätslehre, Magnetismus, Elektrodynamik, Wellenoptik	Best.-Nr. 943013	[e]
Kompakt-Wissen Abitur Physik 3 Atom-, Kern- und Teilchenphysik	Best.-Nr. 943011	[e]

Erdkunde/Geographie

Geographie Oberstufe	Best.-Nr. 949098	[e]
Geographie 1 – Bayern	Best.-Nr. 94911	[e]
Geographie 2 – Bayern	Best.-Nr. 94912	[e]
Geographie 2014 – Baden-Württemberg	Best.-Nr. 84906	
Geographie – NRW Grundkurs · Leistungskurs	Best.-Nr. 54902	[e]
Prüfungswissen Geographie Oberstufe	Best.-Nr. 14901	
Abitur-Wissen Entwicklungsländer	Best.-Nr. 94902	
Abitur-Wissen Europa	Best.-Nr. 94905	
Abitur-Wissen Der asiatisch-pazifische Raum	Best.-Nr. 94906	
Kompakt-Wissen Abitur Erdkunde Allgemeine Geografie · Regionale Geografie	Best.-Nr. 949010	
Kompakt-Wissen Abitur – Bayern Geographie Q11/Q12	Best.-Nr. 9490108	[e]

[e] Alle so gekennzeichneten Titel sind auch als eBook über **www.stark-verlag.de** erhältlich.

Natürlich führen wir noch mehr Titel für alle Fächer und Stufen: Alle Informationen unter
www.stark-verlag.de

Englisch

Übersetzung	Best.-Nr. 82454	
Grammatikübungen	Best.-Nr. 82452	[e]
Themenwortschatz	Best.-Nr. 82451	
Grundlagen, Arbeitstechniken, Methoden mit Audio-CD	Best.-Nr. 944601	
Sprachmittlung	Best.-Nr. 94469	
Sprechfertigkeit mit Audio-CD	Best.-Nr. 94467	
Klausuren Englisch Oberstufe	Best.-Nr. 905113	[e]
Abitur-Wissen Landeskunde Großbritannien	Best.-Nr. 94461	
Abitur-Wissen Landeskunde USA	Best.-Nr. 94463	
Abitur-Wissen Englische Literaturgeschichte	Best.-Nr. 94465	
Kompakt-Wissen Abitur Wortschatz Oberstufe	Best.-Nr. 90462	
Kompakt-Wissen Abitur Landeskunde/Literatur	Best.-Nr. 90463	
Kompakt-Wissen Kurzgrammatik	Best.-Nr. 90461	
Kompakt-Wissen Grundwortschatz	Best.-Nr. 90464	[e]

Deutsch

Dramen analysieren und interpretieren	Best.-Nr. 944092	
Erörtern und Sachtexte analysieren	Best.-Nr. 944094	[e]
Gedichte analysieren und interpretieren	Best.-Nr. 944091	
Epische Texte analysieren und interpretieren	Best.-Nr. 944093	[e]
Abitur-Wissen Erörtern und Sachtexte analysieren	Best.-Nr. 944064	
Abitur-Wissen Textinterpretation Lyrik · Drama · Epik	Best.-Nr. 944061	
Abitur-Wissen Deutsche Literaturgeschichte	Best.-Nr. 94405	
Abitur-Wissen Prüfungswissen Oberstufe	Best.-Nr. 94400	[e]
Kompakt-Wissen Rechtschreibung	Best.-Nr. 944065	[e]
Kompakt-Wissen Literaturgeschichte	Best.-Nr. 944066	
Klausuren Deutsch Oberstufe	Best.-Nr. 104011	

23-VIT_NW

Bestellungen bitte direkt an:
STARK Verlagsgesellschaft mbH & Co. KG · Postfach 1852 · 85318 Freising
Tel. 0180 3 179000* · Fax 0180 3 179001* · www.stark-verlag.de · info@stark-verlag.de
*9 Cent pro Min. aus dem deutschen Festnetz, Mobilfunk bis 42 Cent pro Min.
Aus dem Mobilfunknetz wählen Sie die Festnetznummer: 08167 9573-0

Lernen • Wissen • Zukunft
STARK